作者简介
Author Introduction

汪敏皓

自然科学绘画师，专业插画师，杰出的艺术家和教育学者。曾获林风眠创作奖等奖项，他的雕塑作品《兽》更是入选了备受瞩目的"灵笼"主题互动体验展。

唐光耀

自然科学绘画师，专业插画师，江苏省美术家协会会员。多次获得省级、国家级奖项。

季王阳

动物科学领域研究学者，长期致力于研究动物学、脊椎动物比较解剖学、昆虫学、生物标本制作等。曾多次受博物馆邀请巡讲生物科普相关课程，对青少年生物百科课题有深入的了解与研究。

动物结构图鉴

汪敏皓　唐光耀　季王阳 ◎ 编著

人民邮电出版社

北京

图书在版编目（CIP）数据

动物结构图鉴 / 汪敏皓，唐光耀，季王阳编著. --
北京：人民邮电出版社，2024.4
ISBN 978-7-115-63190-9

Ⅰ．①动… Ⅱ．①汪… ②唐… ③季… Ⅲ．①动物—
图集 Ⅳ．①Q95-64

中国国家版本馆CIP数据核字(2023)第231263号

内 容 提 要

在日常生活中，从哺乳动物到昆虫，从水生动物到飞禽走兽，每一种动物都有其独特的外貌特征、姿态和表情。通过绘画的方式详细描绘这些动物的外形和结构，有利于我们更加清楚地了解它们的特点，并为艺术创作提供灵感。

本书分为6章。第1章讲解较为常见的哺乳类动物，引领读者踏上动物结构的探索之旅。第2章聚焦于鸟类，考虑到某些鸟的肌肉结构相似度较高，便将这些鸟放在一起进行展示，以便理解和比较。第3章涵盖两栖及爬行类动物，这些动物个体差异较大，因此本书提供了详细的肌肉和骨骼结构展示图。第4章讲解鱼类，由于它们的肌肉多呈扁平状，因此主要展示骨骼结构。第5章和第6章分别介绍节肢类动物、棘皮及软体类动物，这些动物的骨骼多为外骨骼或无骨骼，肌肉形态也以填充外骨骼为主，因此重点描绘和展现动物的物种多样性。

本书适合动物结构研究人员和动物结构兴趣爱好者学习和参考，也适合艺术创作者学习和参考。

◆ 编　著　汪敏皓　唐光耀　季王阳
　　责任编辑　张玉兰
　　责任印制　马振武

◆ 人民邮电出版社出版发行　　北京市丰台区成寿寺路 11 号
　　邮编　100164　电子邮件　315@ptpress.com.cn
　　网址　https://www.ptpress.com.cn
　　北京盛通印刷股份有限公司印刷

◆ 开本：787×1092　1/12
　　印张：20.5　　　　　　　　　2024 年 4 月第 1 版
　　字数：682 千字　　　　　　　2024 年 4 月北京第 1 次印刷

定价：198.00 元

读者服务热线：(010)81055410　印装质量热线：(010)81055316
反盗版热线：(010)81055315
广告经营许可证：京东市监广登字 20170147 号

前言
PREFACE

  在日常生活中，我们常看到很多动物披覆着浓密的毛。这不禁引发人们的好奇心：这些动物的真实结构是什么样的呢？同时，很多职业也需要从业者清楚了解动物的结构，如生物科学研究、动物医学研究、艺术创作等。本书的出版旨在为从事不同行业但对动物结构有研究和学习需要的人提供参考。

  本书内容情况和阅读体验亮点体现在以下方面。

  ★ 本书以"检索""查阅工具"的形式，列举了生活中常见的动物，并对动物结构进行了分析和展示。在详细介绍具体内容之前，本书安排了动物分类一览表（包括纲、目，以及科属种类）和系列动物大小对比剪影一览表，使阅读参考快捷且方便。

  ★ 本书针对动物结构拆解，按需安排了动物体表效果图、肌肉图和骨骼图，并且就结构中的各个部位进行了详细的注解，内容严谨，展示清晰，专业且实用，极具研究和参考价值。

  ★ 为了帮助读者更深入地了解各种动物，在一定程度上体现轻松感和趣味性，还为一些动物配了不同形态的展示图。

  由于时间、精力及编写水平有限，书中难免存在不足之处，恳请广大读者批评指正，以帮助我们提升本书的质量，为读者提供更好的阅读和学习体验。

|"数艺设"教程分享

本书由"数艺设"出品,"数艺设"社区平台(www.shuyishe.com)为您提供后续服务。

"数艺设"社区平台,为艺术设计从业者提供专业的教育产品。

与我们联系

我们的联系邮箱是 szys@ptpress.com.cn。如果您对本书有任何疑问或建议,请您发邮件给我们,并请在邮件标题中注明本书书名及ISBN,以便我们更高效地做出反馈。

如果您有兴趣出版图书、录制教学课程,或者参与技术审校等工作,可以发邮件给我们。如果学校、培训机构或企业想批量购买本书或"数艺设"出版的其他图书,也可以发邮件联系我们。

关于"数艺设"

人民邮电出版社有限公司旗下品牌"数艺设",专注于专业艺术设计类图书出版,为艺术设计从业者提供专业的图书、视频电子书、课程等教育产品。出版领域涉及平面、三维、影视、摄影与后期等数字艺术门类,字体设计、品牌设计、色彩设计等设计理论与应用门类,UI设计、电商设计、新媒体设计、游戏设计、交互设计、原型设计等互联网设计门类,环艺设计手绘、插画设计手绘、工业设计手绘等设计手绘门类。更多服务请访问"数艺设"社区平台www.shuyishe.com。我们将提供及时、准确、专业的学习服务。

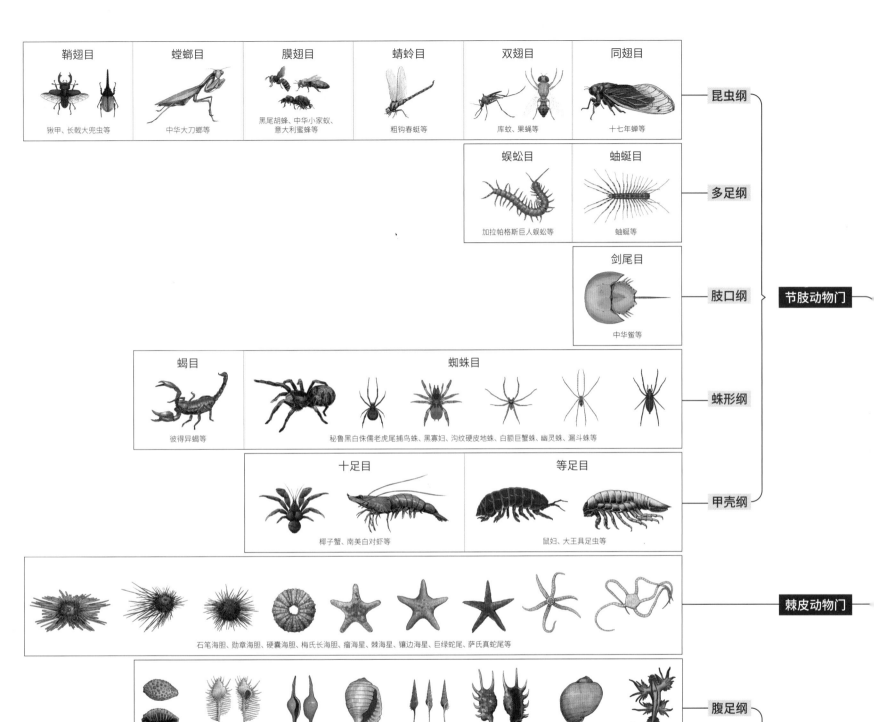

鞘翅目	螳螂目	膜翅目	蜻蛉目	双翅目	同翅目
锹甲、长戟大兜虫等	中华大刀螳等	黑尾胡蜂、中华小家蚁、意大利蜜蜂等	粗钩春蜓等	库蚊、果蝇等	十七年蝉等

昆虫纲

蜈蚣目	蚰蜒目
加拉帕格斯巨人蜈蚣等	蚰蜒等

多足纲

剑尾目

中华鲎等

肢口纲

蝎目	蜘蛛目
彼得异蝎等	秘鲁黑白侏儒老虎尾捕鸟蛛、黑寡妇、沟纹硬皮地蛛、白额巨蟹蛛、幽灵蛛、漏斗蛛等

蛛形纲

十足目	等足目
椰子蟹、南美白对虾等	鼠妇、大王具足虫等

甲壳纲

节肢动物门

石笔海胆、勋章海胆、硬囊海胆、梅氏长海胆、瘤海星、棘海星、镶边海星、巨绿蛇尾、萨氏真蛇尾等

棘皮动物门

脓胞海兔螺、维纳斯骨螺、长菱角螺、斑带蝾螺、长鼻螺、蜘蛛螺、黄金螺、大西洋海神海蛞蝓等

腹足纲

软体动物门

鹦鹉螺、船蛸、枪乌贼、斑乌贼、章鱼等

头足纲

第5章 节肢类

第6章 棘皮及软体类

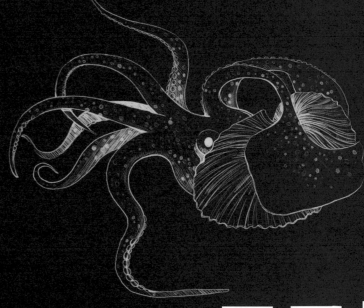

目录

CONTENTS

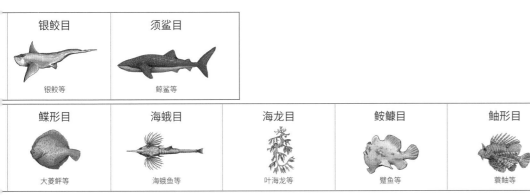

银鲛目	须鲨目
银鲛等	鲸鲨等

鲽形目	海蛾目	海龙目	鮟鱇目	鲉形目
大菱鲆等	海蛾鱼等	叶海龙等	躄鱼等	蓑鲉等

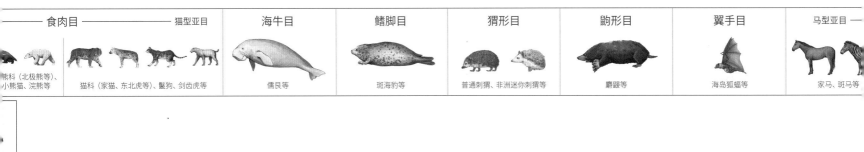

食肉目 ———— 猫型亚目	海牛目	鳍脚目	猬形目	鼩形目	翼手目	马型亚目
熊科（北极熊等）、小熊猫、浣熊等 / 猫科（家猫、东北虎等）、鬣狗、剑齿虎等	儒艮等	斑海豹等	普通刺猬、非洲迷你刺猬等	麝鼹等	海岛狐蝠等	家马、斑马等

鹳形目	鹈形目	鹤形目	蜂鸟目	佛法僧目	鹰形目	隼形目	鸮形目

鲸头鹳等	普通鸬鹚、白鹈鹕等	丹顶鹤等	蜂鸟等	笑翠鸟、蓝翠鸟等	蛇鹫等	游隼等	雕鸮等

第 2 章 鸟类

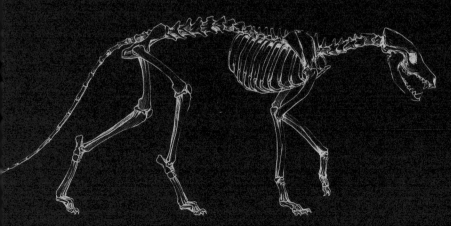

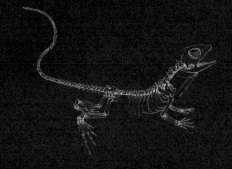

第1章 哺乳类

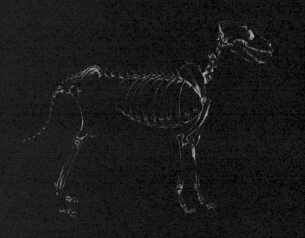

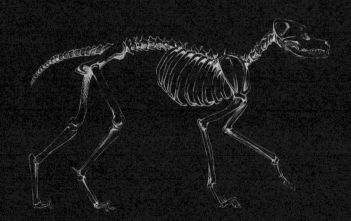

生物分类一览表

LIST OF BIOLOGICAL CLASSIFICATION

奇蹄目 —— 角型亚目	有甲亚目 —— 贫齿目 —— 披毛亚目	胼足亚目 —— 反刍亚目 —— 偶蹄目 —— 鲸河马亚目 —— 猪形亚目

奇蹄目 —— 角型亚目

亚洲貘、白犀等

有甲亚目

粗毛广绊犰狳等

贫齿目
蠕舌亚目

大食蚁兽等

披毛亚目

树懒等

胼足亚目

单峰驼等

反刍亚目

鼷鹿、长颈鹿、麂子、白尾鹿、牛科（黄牛、山羊等）等

偶蹄目

鲸河马亚目

抹香鲸、宽吻海豚、河马等

猪形亚目

鹿豚、家猪、欧亚野猪等

第3章 两栖及爬行类

第4章 鱼类

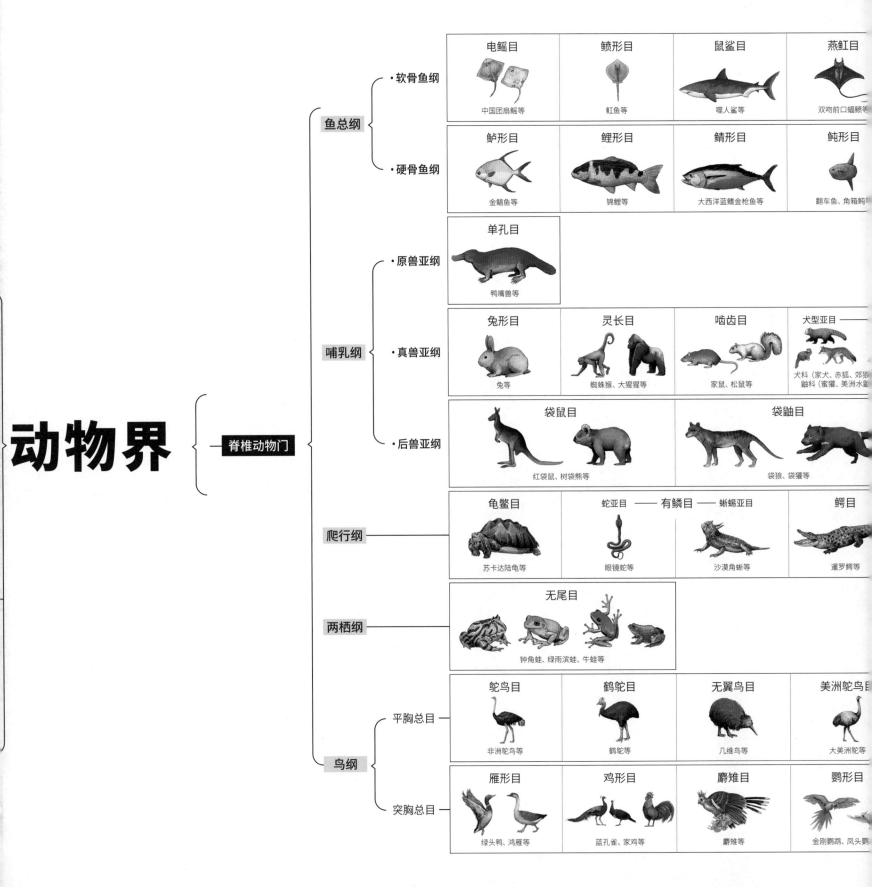

哺乳类 第①章

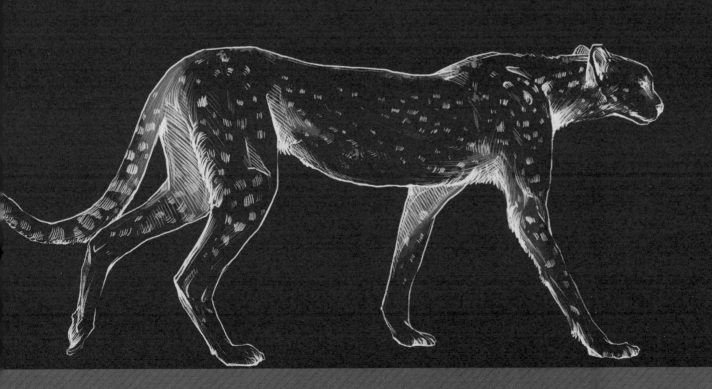

家犬

Canis familiaris

科目 食肉目犬科

别称 狗

　　家犬分布于世界各地且种类繁多。作为家犬成员之一的狼青犬，其颜色与原始狼的颜色相同，又称貂色，这种颜色常见于狼种犬，如昆明犬、德国牧羊犬、中国本土狼犬等。在野外丛林中，狼青色具有天然的隐蔽优势，能够很好地融入自然环境，因此在野外的警戒与抓捕工作中，使用狼青色的犬类能够取得较好的效果。

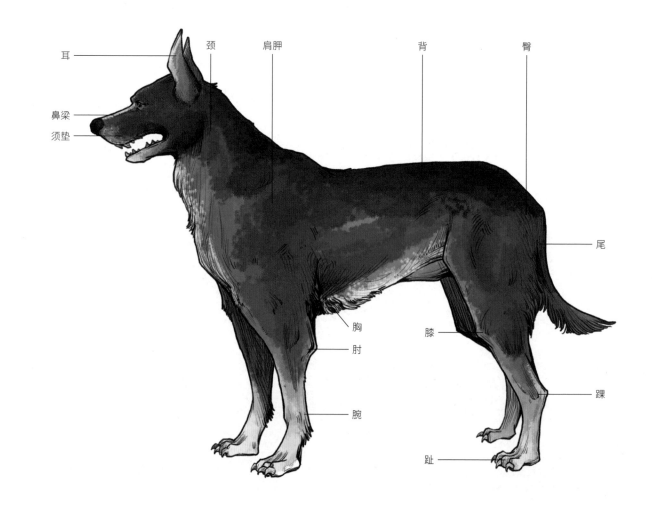

耳　颈　肩胛　背　臀
鼻梁　胸　尾
须垫　肘　膝　踝
腕　趾

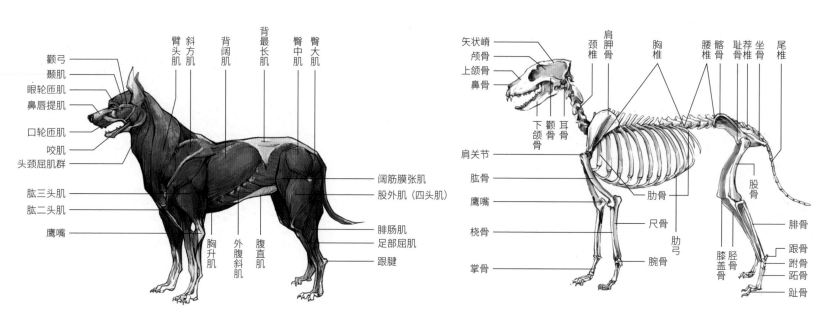

颧弓　臀头肌　斜方肌　背阔肌　背最长肌　臀大肌　臀中肌
颞肌
眼轮匝肌
鼻唇提肌
口轮匝肌
咬肌
头颈屈肌群　阔筋膜张肌
肱三头肌　股外肌（四头肌）
肱二头肌
鹰嘴　腓肠肌
胸升肌　外腹斜肌　腹直肌　足部屈肌
跟腱

矢状嵴　肩胛骨　胸椎　腰椎　髂骨　耻荐椎　坐骨　尾椎
颅骨　颈椎
上颌骨
鼻骨
下颌骨　颧骨　耳骨
肩关节
肱骨　肋骨
鹰嘴　股骨
桡骨　尺骨　肋弓　腓骨
掌骨　腕骨　膝盖骨　胫骨　跟骨　跗骨　跖骨　趾骨

家犬一般分为大中型犬和小型犬两类。大中型犬通常身形高大、骨骼粗壮，体形大小和同地区的狼差不多。它们是古人为狩猎和护卫所培育的品种，常见于北方游牧民族身边或欧洲皇室贵族的家中，主要作为工作犬使用。小型犬通常以陪伴和赏玩为主，相较于犬科祖先，小型犬在生理结构上发生了很大的变化，重点表现在体形的缩小、骨骼的异化及部分小型犬具有的无法适应自然的情况，如下颌的突出和矢状嵴的退化，有的甚至会出现颅骨畸形的情况。

» 大丹犬

» 柯基犬

» 柯基犬骨架示意图

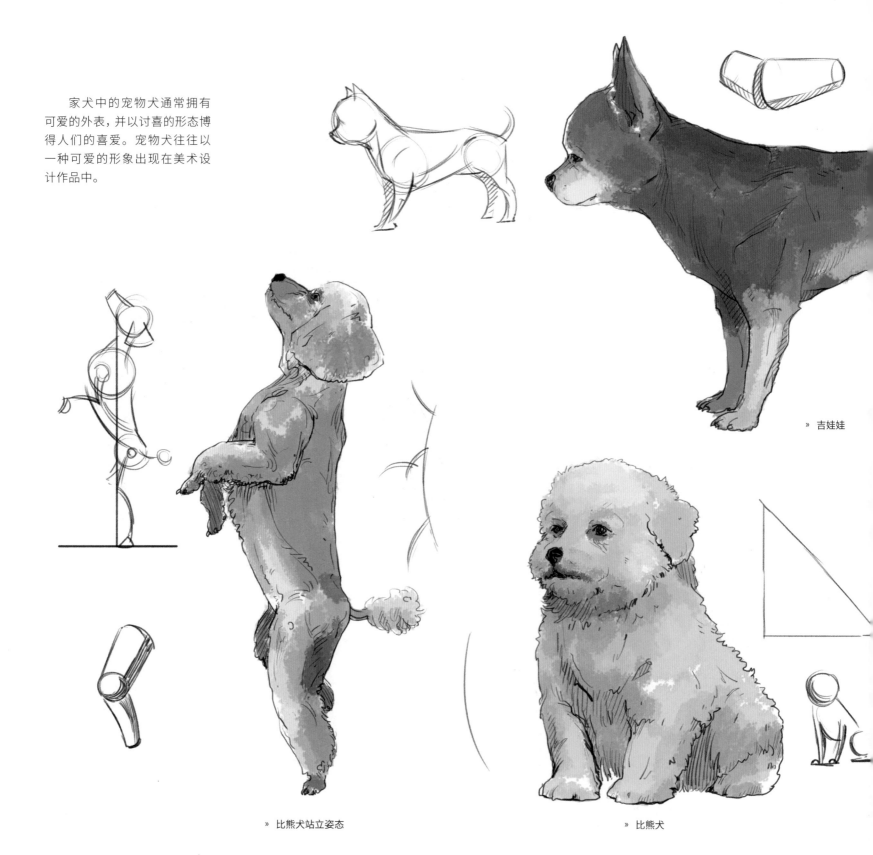

家犬中的宠物犬通常拥有可爱的外表，并以讨喜的形态博得人们的喜爱。宠物犬往往以一种可爱的形象出现在美术设计作品中。

» 吉娃娃

» 比熊犬站立姿态

» 比熊犬

» 金毛犬

» 泰迪犬

» 博美犬

腊肠犬

Dachshund

科 目 食肉目犬科

别 称 猪獾（huān）犬

　　腊肠犬是一种长身短腿的犬，其头部相对于普通犬科动物的头部较大，腿部虽短，但肌肉结构与普通犬科动物的一致。腊肠犬最初被训练为猎犬，性格较为独立，照顾起来比较简单，并且能较好地理解主人的指令。

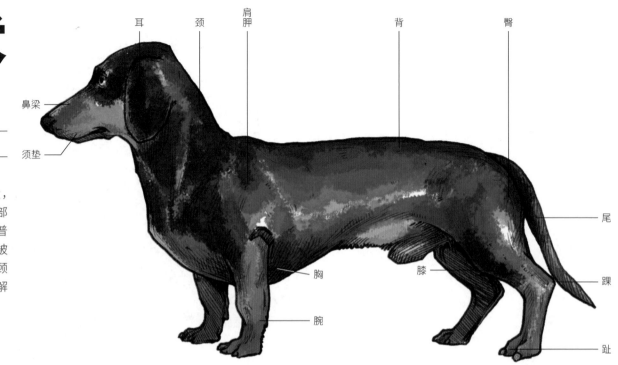

耳　颈　肩胛　背　臀

鼻梁　须垫　胸　腕　膝　尾　踝　趾

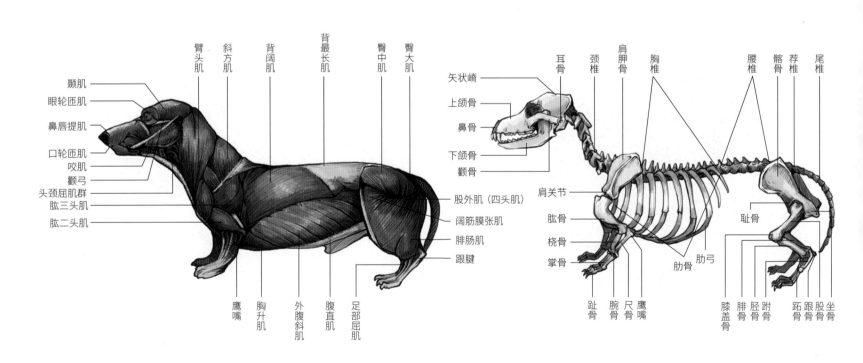

臀头肌　斜方肌　背阔肌　背最长肌　臀中肌　臀大肌

颞肌　眼轮匝肌　鼻唇提肌　口轮匝肌　咬肌　颧弓　头颈屈肌群　肱三头肌　肱二头肌

股外肌（四头肌）　阔筋膜张肌　腓肠肌　跟腱

鹰嘴　胸升肌　外腹斜肌　腹直肌　足部屈肌

矢状嵴　上颌骨　鼻骨　下颌骨　颧骨　肩关节　肱骨　桡骨　掌骨

耳骨　颈椎　肩胛骨　胸椎　腰椎　髂骨　荐椎　尾椎

趾骨　腕骨　尺骨　鹰嘴　肋骨　肋弓　膝盖骨　腓骨　胫骨　跗骨　距骨　跟骨　股骨　坐骨　耻骨

» 灵缇犬

» 恶霸犬

肌肉与骨骼"特异化"的犬往往拥有彪悍的身躯、超强的耐力及极快的奔跑速度，这些特征使它们很容易捕获猎物，因此常被训练为猎犬。人们常带它们参与狩猎或竞技活动。

» 俄罗斯猎狼犬

灰狼

Canis lupus

科目 食肉目犬科

别称 狼、普通狼、平原狼、森林狼

　　灰狼在生物学上与犬属同一物种。其体形瘦长，四肢发达，耳朵呈三角形，前额较宽，吻部突出，嘴部肌肉强健有力。雌性前额和吻部相比雄性较窄，躯干及四肢则不如雄性坚实。

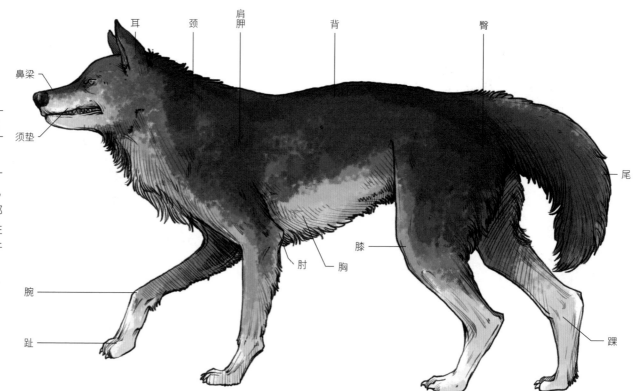

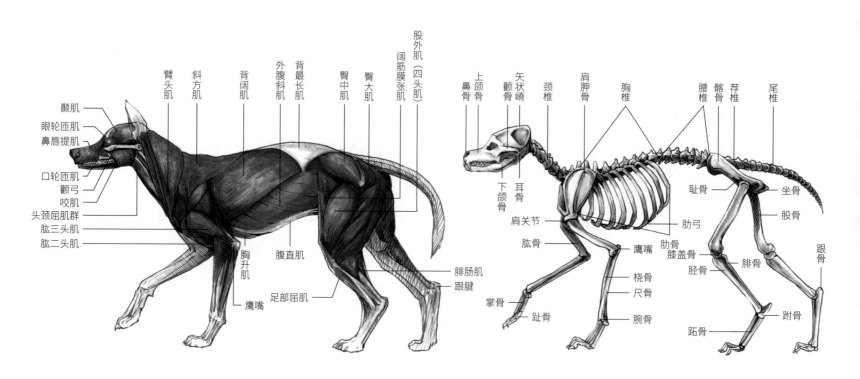

耳廓狐
kuò

Vulpes zerda

科 目	食肉目犬科
别 称	大耳小狐、沙漠小狐

　　耳廓狐因其突出的大耳朵而得名，它可以通过耳朵来散热，以适应沙漠炎热的气候，同时敏锐的听觉还有助于捕捉猎物及防御天敌。

　　耳廓狐的肌肉和骨骼与小型犬科动物较为相似，因此这里仅做外形展示。

赤狐

Vulpes vulpes

科目 食肉目犬科

别称 红狐、火狐

赤狐是分布范围较广的狐属成员，腹部和尾尖呈白色，耳尖和小腿呈黑色，其余部位皆呈红色，因此又名"红狐"。

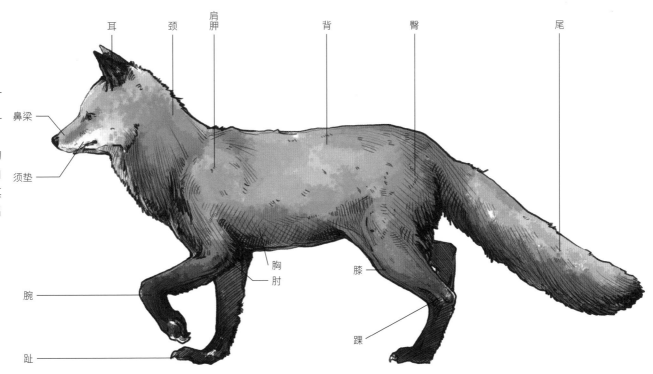

耳　颈　肩胛　背　臀　尾

鼻梁

须垫

胸

腕　肘

趾　膝　踝

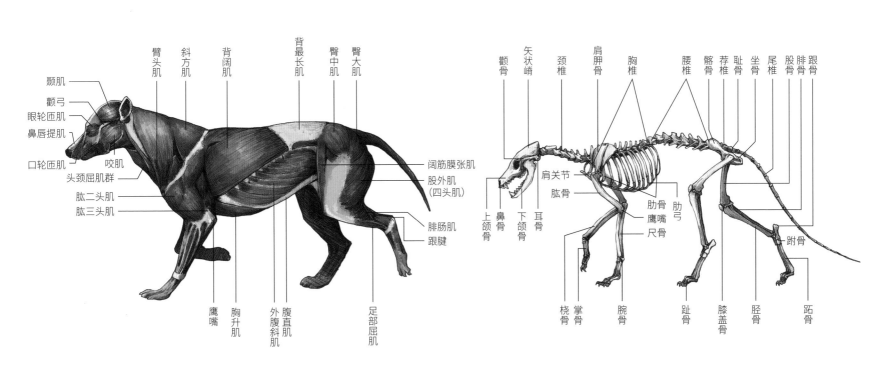

颞肌
颧弓
眼轮匝肌
鼻唇提肌
口轮匝肌
咬肌
头颈屈肌群
肱二头肌
肱三头肌

臂头肌　斜方肌　背阔肌　背最长肌　臀中肌　臀大肌

鹰嘴　胸升肌　外腹斜肌　腹直肌　足部屈肌

阔筋膜张肌
股外肌（四头肌）
腓肠肌
跟腱

颧骨　矢状嵴　颈椎　肩胛骨　胸椎　腰椎　髂骨　荐椎　耻骨　坐骨　尾椎　股骨　腓骨　跟骨

上颌骨　鼻骨　下颌骨　耳骨　肩关节　肱骨　肋骨　肋弓　鹰嘴　尺骨

桡骨　掌骨　腕骨　趾骨　膝盖骨　胫骨　跗骨　跖骨

郊狼

Canis latrans

科目 食肉目犬科

别称 丛林狼、草原狼、北美小狼

郊狼是美洲常见的野生食肉动物，其体形较小，像是"缩小版"的灰狼，面部狡黠似狐。郊狼的毛色因生活的地域不同和个体差异而不同，可能为灰色、棕色、红棕色或黄棕色，而腹部和下颌通常是灰白色的。

因为郊狼的肌肉和骨骼与灰狼的较为相似，所以这里仅做外形展示。

鬣狗
liè

Hyaenidae

科目 食肉目鬣狗科

别称 无

在亲缘关系上，鬣狗科动物更接近于猫科动物，但从形态学和习性的角度来看，鬣狗科动物更接近于犬科动物。与犬科动物相比，鬣狗头部短而圆，毛色为棕黄色或棕褐色。不同属的鬣狗具有不同的外貌和习性，如斑点鬣狗以捕猎为生，而条纹鬣狗则以食腐肉为主。

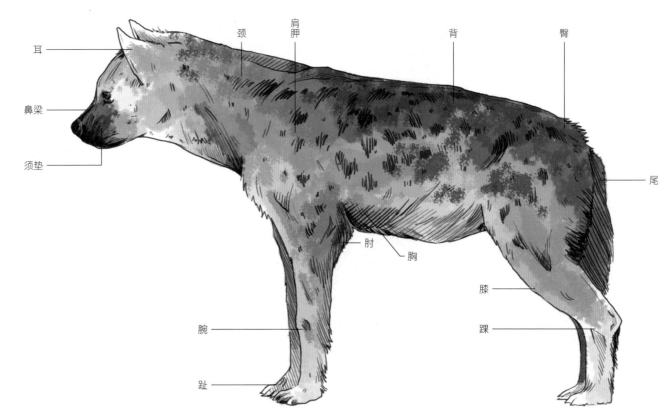

耳　鼻梁　须垫　颈　肩胛　背　臀　尾　肘　胸　膝　踝　腕　趾

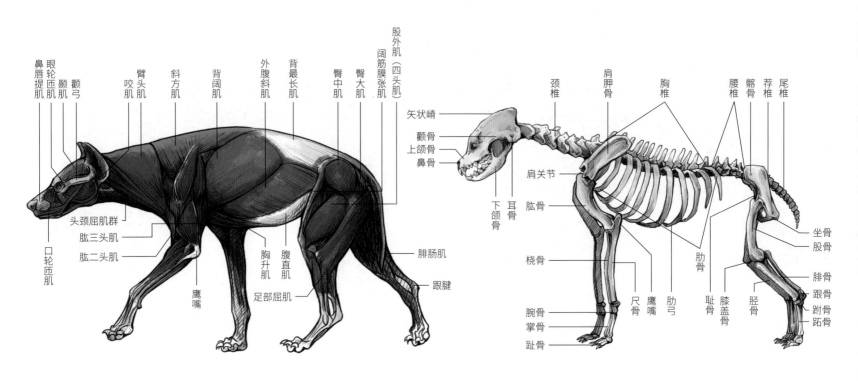

鼻唇提肌　眼轮匝肌　颞肌　颧弓　臀头咬肌　斜方肌　背阔肌　外腹斜肌　背最长肌　臀中肌　臀大肌　阔筋膜张肌　股外肌（四头肌）

口轮匝肌　头颈屈肌群　肱三头肌　肱二头肌　鹰嘴　胸升肌　腹直肌　足部屈肌　腓肠肌　跟腱

矢状嵴　颧骨　上颌骨　鼻骨　下颌骨　耳骨　颈椎　肩胛骨　胸椎　腰椎　髂骨　荐椎　尾椎　肩关节　肱骨　肋骨　坐骨　股骨　桡骨　鹰嘴　肋弓　耻骨　膝盖骨　胫骨　腓骨　跟骨　距骨　跖骨　腕骨　掌骨　趾骨　尺骨

袋狼

Thylacinus cynocephalus

科 目 袋鼬目袋狼科

别 称 塔斯马尼亚虎、塔斯马尼亚狼

　　袋狼是近代体形较大的一类肉食性有袋动物，外形像一只壮硕且有长尾巴的短毛狗，皮毛呈棕黄色，腹部的颜色为奶油色，背部和臀部有像虎纹一样的深色条纹。因为数量逐渐减少，袋狼现在仅分布于塔斯马尼亚岛，所以又名"塔斯马尼亚虎"。

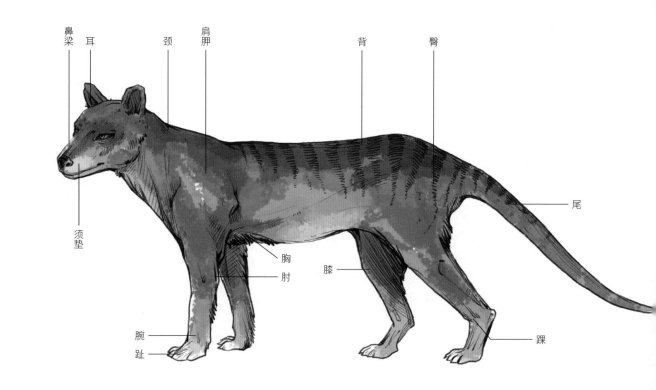

鼻梁　耳　颈　肩胛　背　臀

须垫

胸　肘　膝　尾

腕　趾　踝

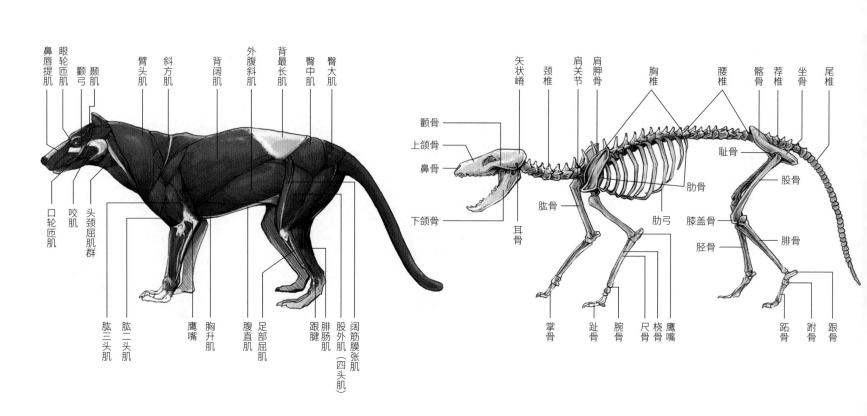

鼻唇提肌　眼轮匝肌　颧弓　颞肌　臂头肌　斜方肌　背阔肌　外腹斜肌　背最长肌　臀中肌　臀大肌

口轮匝肌　咬肌　头颈屈肌群

肱三头肌　肱二头肌　鹰嘴　胸升肌　腹直肌　足部屈肌　跟腱　腓肠肌　股外肌　阔筋膜张肌（四头肌）

矢状嵴　颈椎　肩关节　肩胛骨　胸椎　腰椎　髂骨　荐椎　坐骨　尾椎

颧骨　上颌骨　鼻骨　下颌骨　耳骨

肱骨　肋骨　肋弓

耻骨　股骨

掌骨　趾骨　腕骨　尺骨　桡骨　鹰嘴

膝盖骨　胫骨　腓骨

跖骨　跗骨　跟骨

家猫

Felis catus

科目 食肉目猫科

别称 猫咪

　　家猫分布于世界各地且种类繁多，孟加拉豹猫是家猫的一种。孟加拉豹猫身形匀称，身上布满深色条纹或斑点，体态近似宠物猫，但看上去要比其他种类的家猫更加狂野。孟加拉豹猫虽然被称作"豹猫"，但是从动物学的角度来看，豹猫和孟加拉豹猫是两种完全不同的动物，豹猫属于豹猫属，是一种野性十足的野生类猫科动物。

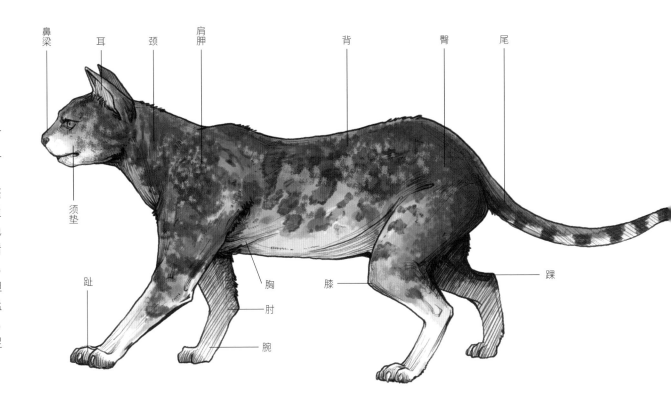

鼻梁　耳　颈　肩胛　　背　　臀　尾
须垫　趾　　胸　肘　腕　膝　踝

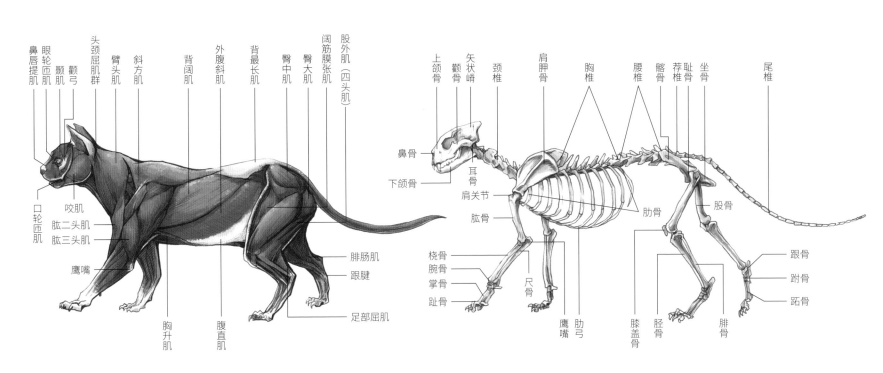

鼻唇提肌　眼轮匝肌　颞肌　颧弓　头颈屈肌群　臂头肌　斜方肌　背阔肌　外腹斜肌　背最长肌　臀中肌　臀大肌　阔筋膜张肌　股外肌（四头肌）

口轮匝肌　咬肌　肱二头肌　肱三头肌　鹰嘴　胸升肌　腹直肌　腓肠肌　跟腱　足部屈肌

上颌骨　颧骨　矢状嵴　颈椎　肩胛骨　胸椎　腰椎　髂骨　荐椎　耻骨　坐骨　尾椎

鼻骨　下颌骨　耳骨　肩关节　肱骨　肋骨　股骨　桡骨　腕骨　掌骨　趾骨　尺骨　鹰嘴　肋弓　膝盖骨　胫骨　腓骨　跟骨　跗骨　跖骨

猎豹

Acinonyx jubatus

科 目 食肉目猫科

别 称 印度豹

猎豹主要分布于非洲和伊朗，曾被印度皇室大量饲养并用于狩猎，因此又称"印度豹"。猎豹体型纤细，头小而圆，吻部短，腿长，被毛呈黄褐色或淡黄色，身上布满黑色斑点。从眼角到嘴角之间有一道泪痕状的黑色条纹，后颈部有竖毛，尾末端长有黑色环纹。

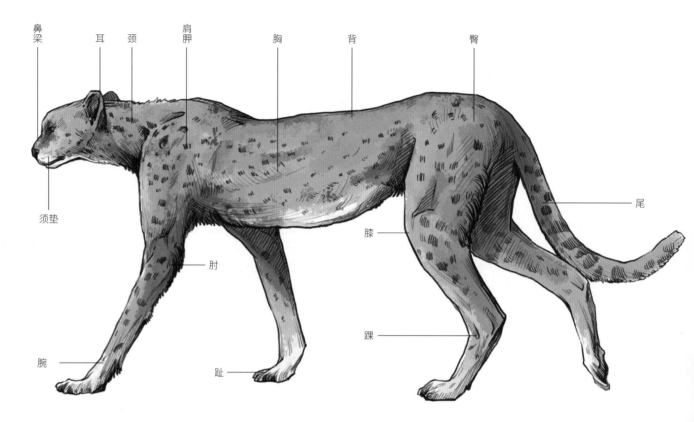

鼻梁　耳　颈　肩胛　胸　背　臀　尾　膝　踝　肘　趾　腕　须垫

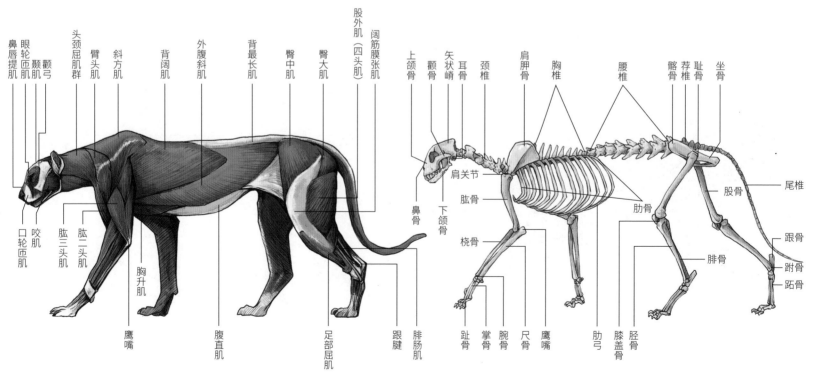

鼻唇提肌　眼轮匝肌　颞肌　颧弓　头颈屈肌群　臂头肌　斜方肌　背阔肌　外腹斜肌　背最长肌　臀中肌　臀大肌　股外肌（四头肌）　阔筋膜张肌　上颌骨　颧骨　矢状嵴　耳骨　颈椎　肩胛骨　胸椎　腰椎　髂骨　荐椎　耻骨　坐骨

鼻骨　下颌骨　肩关节　肱骨　桡骨　肋骨　股骨　尾椎

口轮匝肌　咬肌　肱三头肌　肱二头肌　胸升肌　鹰嘴　腹直肌　足部屈肌　跟腱　腓肠肌　趾骨　掌骨　腕骨　尺骨　鹰嘴　肋弓　膝盖骨　胫骨　腓骨　跗骨　跖骨　跟骨

雪豹

Panthera uncia

科 目 食肉目猫科

别 称 艾叶豹、荷叶豹

　　雪豹主要分布于我国青藏高原、天山等高海拔地区，活动于雪线附近，所以得名"雪豹"。其头部较宽且近乎呈球状，鼻骨短且宽，被毛呈灰白色且布满不规则的环状黑色斑点，尾巴粗且长。

　　雪豹的肌肉和骨骼与猎豹的较为相似，因此这里仅做外形展示。

猞猁

Lynx lynx

科目 食肉目猫科

别称 猞猁狲、林独、山猫

　　猞猁外形似家猫，但比猫大得多，头部较小，尾巴短，四肢较长，耳尖带有黑色簇毛，颊部有下垂长毛。猞猁属包括4个独立物种，即欧亚猞猁、短尾猞猁、加拿大猞猁和西班牙猞猁，这里主要介绍欧亚猞猁。

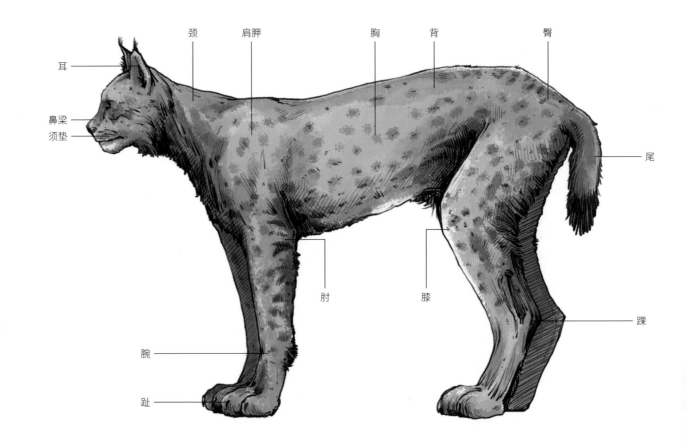

颈　肩胛　胸　背　臀　耳　鼻梁　须垫　肘　膝　尾　踝　腕　趾

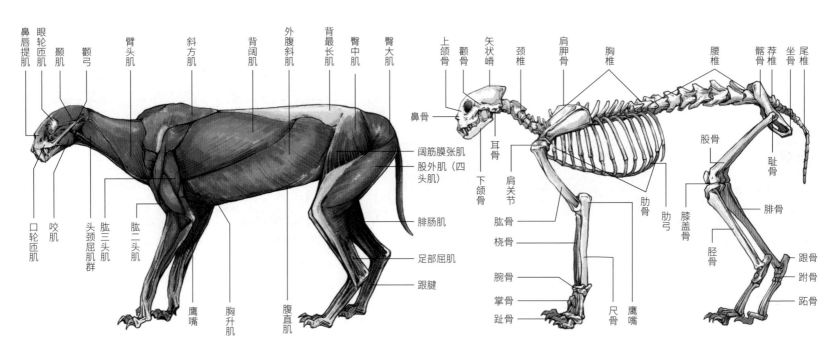

鼻唇提肌　眼轮匝肌　颞肌　颧弓　臂头肌　斜方肌　背阔肌　外腹斜肌　背最长肌　臀中肌　臀大肌　上颌骨　颧骨　矢状嵴　颈椎　肩胛骨　胸椎　腰椎　荐椎　尾椎　髂骨　坐骨　鼻骨　阔筋膜张肌　股外肌（四头肌）　腓肠肌　足部屈肌　跟腱　口轮匝肌　咬肌　头颈屈肌群　肱三头肌　肱二头肌　腹直肌　胸升肌　鹰嘴　耳骨　下颌骨　肩关节　肱骨　桡骨　腕骨　掌骨　趾骨　尺骨　鹰嘴　肋骨　肋弓　股骨　膝盖骨　胫骨　耻骨　腓骨　跟骨　跗骨　跖骨

云豹

Neofelis nebulosa

科目 食肉目猫科

别称 龟纹豹、樟豹

云豹因躯干有云状的暗色斑纹而得名，其体型和骨骼兼具大型和小型猫科动物的特征，头部狭长，口鼻突出，犬齿较其他猫科动物更为显著。四肢粗短而矫健，尾巴几乎与身体等长。利爪和身体构造使其擅长攀爬，长尾巴有利于保持身体平衡。云豹的主要捕食对象为树栖动物。

云豹的肌肉和骨骼与猞猁的较为相似，因此这里仅做外形展示。

非洲狮

Panthera leo

科 目 食肉目猫科

别 称 狻猊

　　非洲狮头部大而圆，吻部较短。体形庞大且匀称。毛整体较短，体色为浅灰色、黄色或茶色，雄狮具有延长到肩部和胸部的鬃毛，鬃毛颜色为淡棕色、深棕色、黑色等。

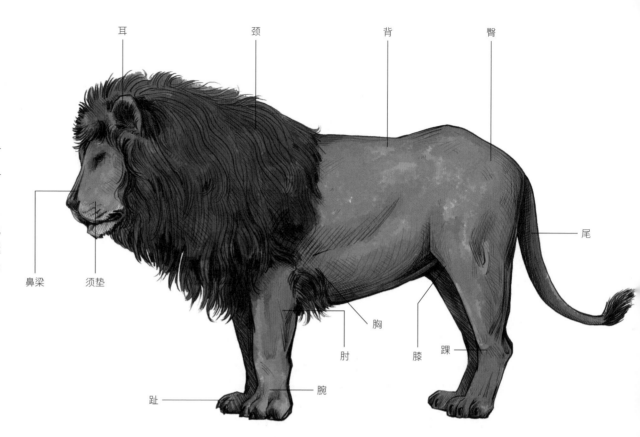

耳　颈　背　臀

鼻梁　须垫

胸　尾

肘　膝　踝

趾　腕

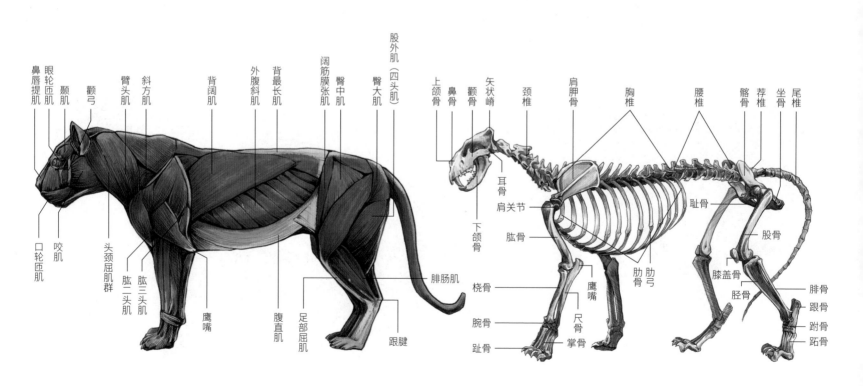

鼻唇提肌　眼轮匝肌　颞肌　颧弓　臂头肌　斜方肌　背阔肌　外腹斜肌　背最长肌　阔筋膜张肌　臀中肌　臀大肌　股外肌（四头肌）

口轮匝肌　咬肌　头颈屈肌群　肱二头肌　肱三头肌　鹰嘴　腹直肌　足部屈肌　跟腱　腓肠肌

上颌骨　鼻骨　颧骨　矢状嵴　颈椎　肩胛骨　胸椎　腰椎　髂骨　荐椎　坐骨　尾椎

耳骨　肩关节　下颌骨　肱骨　肋骨　肋弓　耻骨　股骨

桡骨　腕骨　尺骨　掌骨　鹰嘴　趾骨　膝盖骨　胫骨　腓骨　跟骨　跗骨　距骨

孟加拉虎

Panthera tigris tigris

科目 食肉目猫科

别称 印度虎、不丹虎

　　孟加拉虎体态雄伟，毛色绮丽，头部具有较密的条纹，全身底色为杏黄色，背部长有双行深色条纹，但相比于其他虎亚种，这些条纹较窄，腹部及四肢内侧均是白色的。基因突变导致孟加拉虎有一白底黑纹的变种，被称为"孟加拉白虎"。

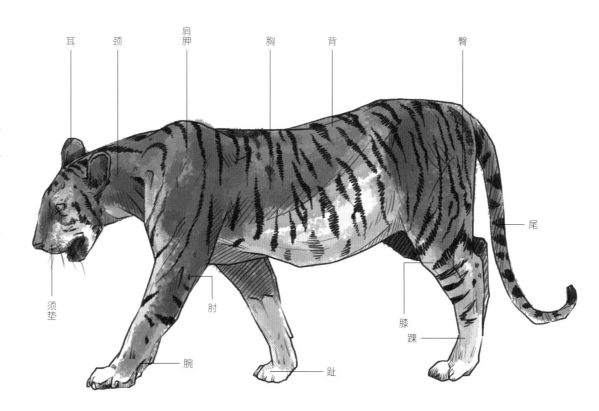

耳　颈　肩胛　胸　背　臀　尾　须垫　肘　膝　踝　腕　趾

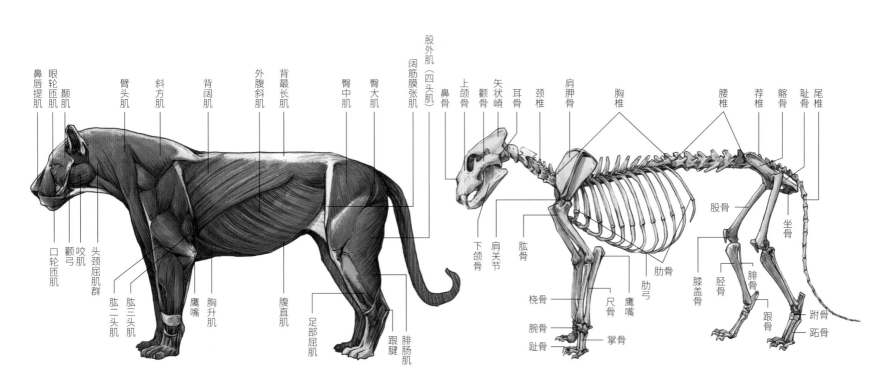

鼻唇提肌　眼轮匝肌　颞肌　臂头肌　斜方肌　背阔肌　外腹斜肌　背最长肌　臀中肌　臀大肌　阔筋膜张肌　股外肌（四头肌）　口轮匝肌　颧弓肌　咬肌　头颈屈肌群　肱二头肌　肱三头肌　鹰嘴　胸升肌　腹直肌　足部屈肌　跟腱　腓肠肌

鼻骨　上颌骨　颧骨　矢状嵴　耳骨　颈椎　肩胛骨　胸椎　腰椎　荐椎　髂骨　耻骨　尾椎　下颌骨　肩关节　肱骨　肋骨　鹰嘴　肋弓　股骨　坐骨　桡骨　尺骨　膝盖骨　胫骨　腓骨　跗骨　腕骨　掌骨　跖骨　跟骨　趾骨

东北虎

Panthera tigris altaica

科 目 食肉目猫科

别 称 西伯利亚虎

　　东北虎体形硕大，头大而圆，前额有数条黑色横纹，看起来像"王"字，因此有"丛林之王"之称。被毛因为日照时间等原因在夏季呈棕黄色，冬季呈淡黄色，背部和体侧长有多条黑色柳叶状的条纹，条纹局部颜色比孟加拉虎浅。

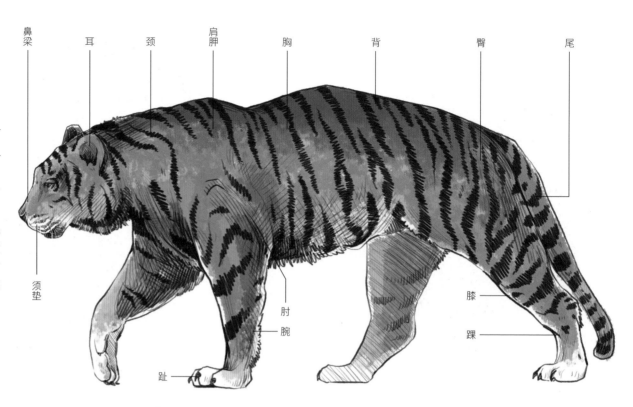

鼻梁　耳　颈　肩胛　胸　背　臀　尾

须垫　肘　腕　趾　膝　踝

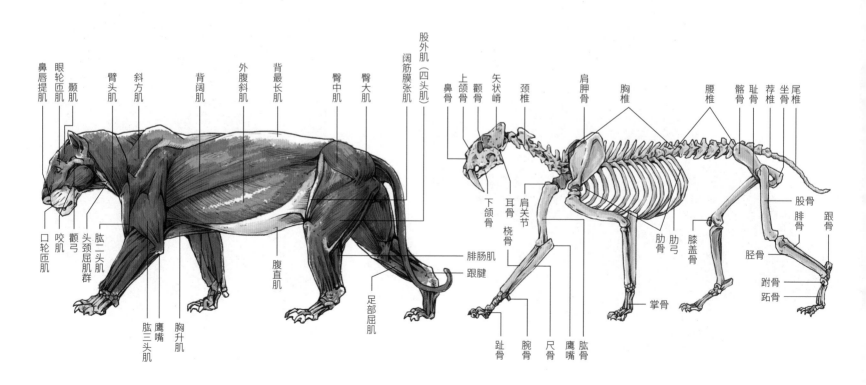

鼻唇提肌　眼轮匝肌　颞肌　臂头肌　斜方肌　背阔肌　外腹斜肌　背最长肌　臀中肌　臀大肌　阔筋膜张肌　股外肌（四头肌）　鼻骨　上颌骨　颧骨　矢状嵴　颈椎　肩胛骨　胸椎　腰椎　髂骨　耻骨　荐椎　坐骨　尾椎

口轮匝肌　咬肌　颧弓　头颈屈肌群　肱二头肌　胸升肌　腹直肌　腓肠肌　跟腱　足部屈肌　下颌骨　耳骨　桡骨　肩关节　肋骨　肋弓　膝盖骨　股骨　腓骨　跟骨　胫骨　跗骨　跖骨

肱三头肌　鹰嘴　趾骨　腕骨　尺骨　鹰嘴　肱骨　掌骨

剑齿虎

Machairodus

科 目 食肉目猫科

别 称 短剑剑齿虎、短剑虎

剑齿虎作为史前大型猫科动物，指代多种不同的物种。从化石可以看出剑齿虎上犬齿像剑一样锋利，即使吻部处于闭合状态，其犬齿依然清晰可见。四肢较为粗壮，腿骨比虎的长，说明奔跑速度不会比虎差。尾巴较短，说明转向能力较差。前肢比后肢发达，说明善于扑倒猎物等。

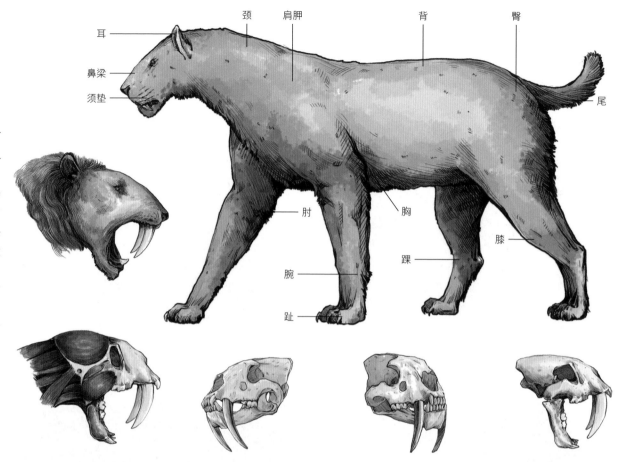

耳　鼻梁　须垫　颈　肩胛　背　臀　尾　胸　肘　腕　趾　踝　膝

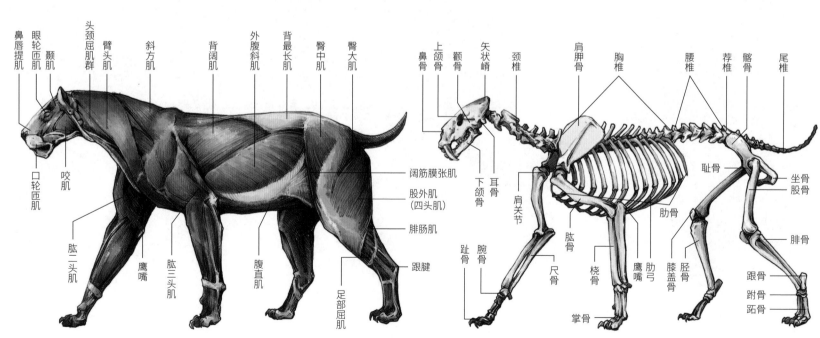

鼻唇提肌　眼轮匝肌　颞肌　头颈屈肌群　臂头肌　斜方肌　背阔肌　外腹斜肌　背最长肌　臀中肌　臀大肌

口轮匝肌　咬肌　肱二头肌　鹰嘴　肱三头肌　腹直肌　足部屈肌

阔筋膜张肌　股外肌（四头肌）　腓肠肌　跟腱

鼻骨　上颌骨　颧骨　矢状嵴　颈椎　肩胛骨　胸椎　腰椎　荐椎　髂骨　尾椎

耳骨　下颌骨　肩关节　肱骨　肋骨　耻骨　坐骨　股骨　腓骨

趾骨　腕骨　桡骨　尺骨　鹰嘴　膝盖骨　胫骨　跟骨　跗骨　跖骨

掌骨　肋弓

大熊猫

Ailuropoda melanoleuca

科目 食肉目熊科

别称 猫熊、竹熊、食铁兽

　　大熊猫是我国特有的动物，体形肥硕，体态丰腴，头圆而尾短，整体毛色黑白分明。这种黑白色的毛是进化的结果，有利于它们在积雪处和密林深处隐蔽。熊猫虽然不食肉，但是具有锋利的爪和强健的四肢，能够轻松攀爬树木。

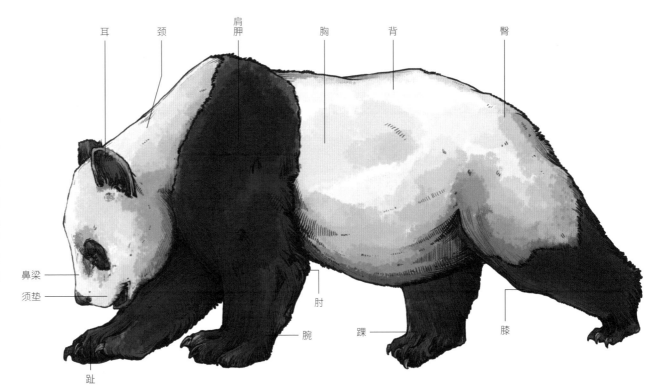

耳　颈　肩胛　胸　背　臀　鼻梁　须垫　肘　腕　踝　膝　趾

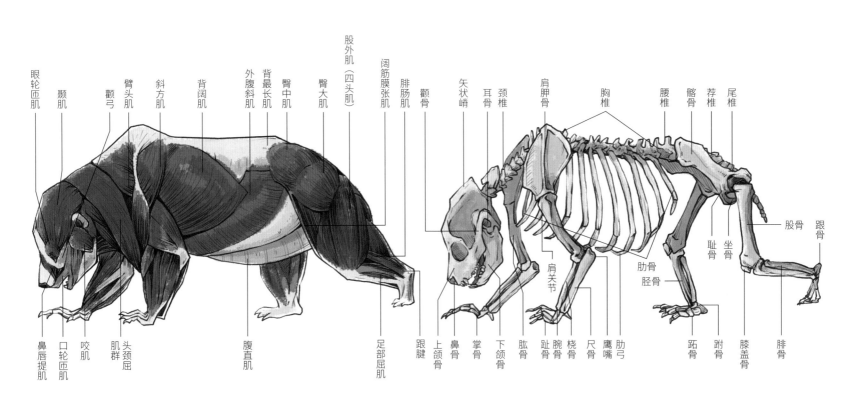

眼轮匝肌　颞肌　颧弓　臂头肌　斜方肌　背阔肌　外腹斜肌　背最长肌　臀中肌　臀大肌　股外肌（四头肌）　阔筋膜张肌　腓肠肌　颧骨　矢状嵴　耳骨　颈椎　肩胛骨　胸椎　腰椎　髂骨　荐椎　尾椎

鼻唇提肌　口轮匝肌　咬肌　头颈屈肌群　腹直肌　足部屈肌　跟腱　上颌骨　鼻骨　掌骨　下颌骨　肱骨　趾骨　腕骨　桡骨　尺骨　鹰嘴　肋弓　肩关节　肋骨　胫骨　耻骨　坐骨　股骨　跟骨　跖骨　趾骨　膝盖骨　腓骨

美洲黑熊

Ursus americanus

科目 食肉目熊科

别称 北美黑熊

　　美洲黑熊是熊科动物的代表之一，头骨较猫科动物的头骨略显圆钝。没有明显的矢状嵴凸起，这也意味着咬合力稍逊于猫科动物。这与它们的食性有关，它们并不喜欢捕获大型哺乳动物，通常情况下喜欢捕获鱼类，或者采摘浆果、蜂蜜等，这也使它们看上去很"慵懒"。它们后肢强健，能长时间做出站立的姿态，同时前肢也极具力量，毫不逊色于其他大型食肉动物。

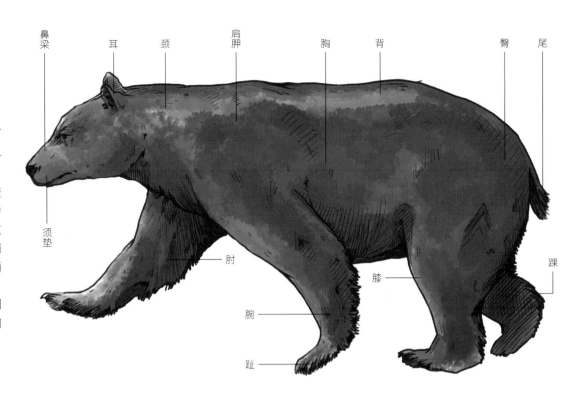

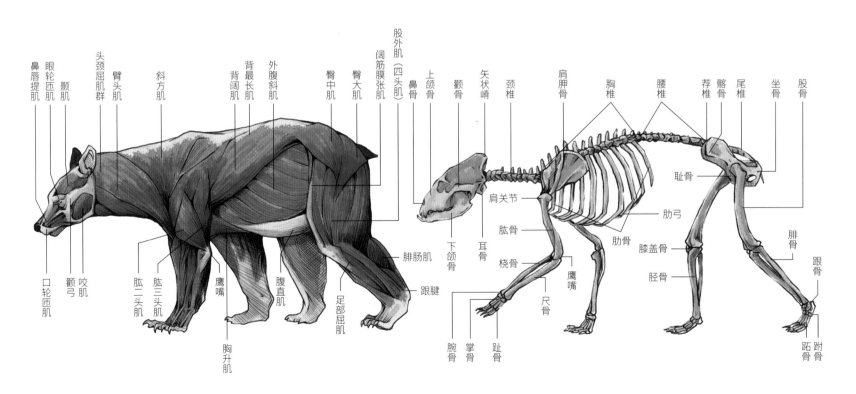

北极熊

Ursus maritimus

科目 食肉目熊科

别称 白熊

　　北极熊拥有厚实的脂肪与毛，外观通常呈白色。夏季皮毛可能因氧化呈现淡黄色，甚至棕色或灰色。体形与其他熊科动物相似。

　　北极熊是由棕熊演化而来的。

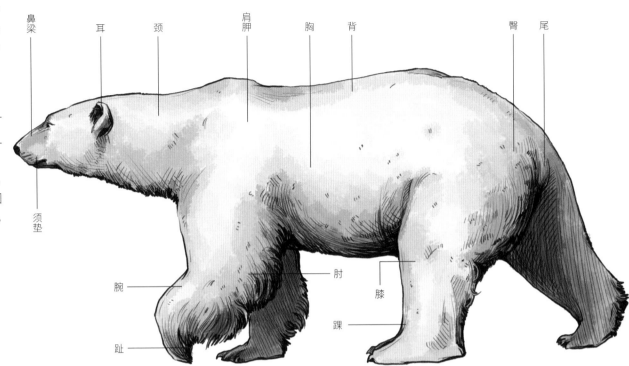

鼻梁　耳　颈　肩胛　胸　背　臀　尾

须垫

腕　肘　膝　趾　踝

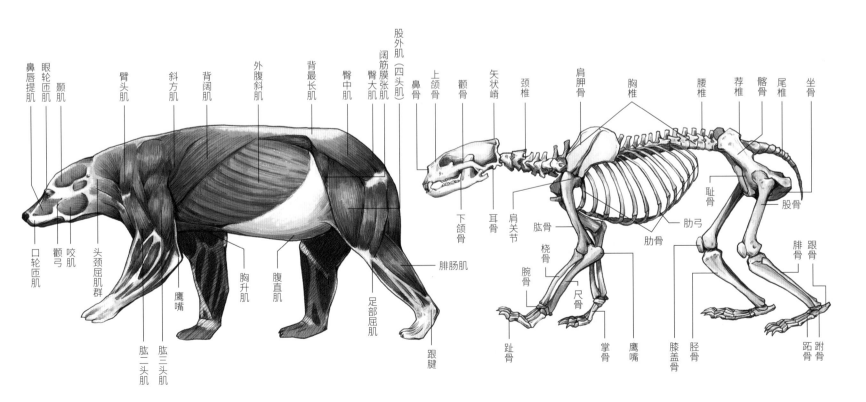

鼻唇提肌　眼轮匝肌　颞肌　臀头肌　斜方肌　背阔肌　外腹斜肌　背最长肌　臀中肌　臀大肌　阔筋膜张肌　股外肌（四头肌）

鼻骨　上颌骨　颧骨　矢状嵴　颈椎　肩胛骨　胸椎　腰椎　荐椎　髂骨　尾椎　坐骨

口轮匝肌　颧弓　咬肌　头颈屈肌群　肱二头肌　肱三头肌　鹰嘴　胸升肌　腹直肌　足部屈肌　腓肠肌　跟腱

下颌骨　耳骨　肩关节　肱骨　桡骨　腕骨　尺骨　掌骨　鹰嘴　肋骨　肋弓　耻骨　膝盖骨　胫骨　腓骨　跟骨　股骨　膝盖骨　距骨　跗骨

趾骨

小熊猫

Ailurus fulgens

科 目 食肉目小熊猫科

别 称 红熊猫、红猫熊、火狐

　　小熊猫是现存小熊猫属中唯一的物种，体形与家猫相似，头部形状和结构都很像熊科动物。身体大部分毛呈红褐色，脸颊部分有白色斑纹，耳朵直立向前，四肢粗短呈黑褐色，尾巴长而粗，尾毛蓬松，上有红褐色相间的环状毛斑。

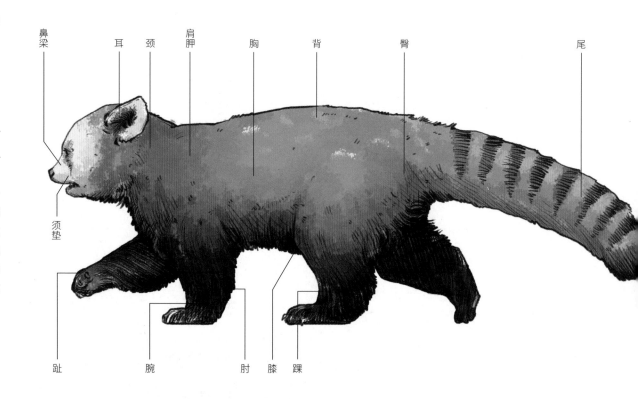

鼻梁　耳　颈　肩胛　胸　背　臀　尾
须垫　趾　腕　肘　膝　踝

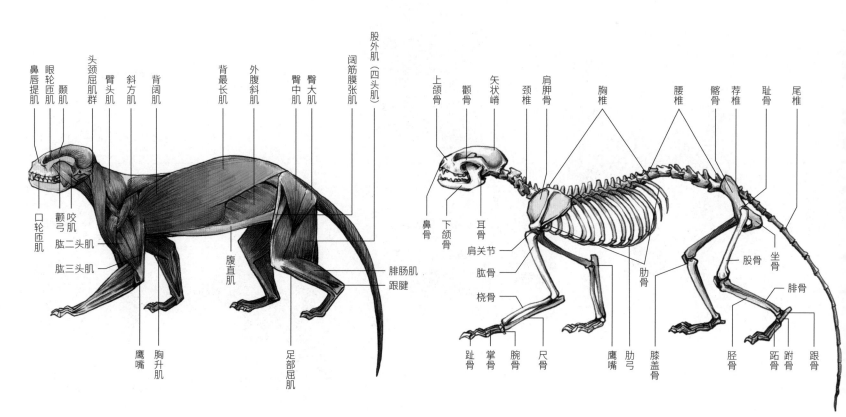

鼻唇提肌　眼轮匝肌　颞肌　头颈屈肌群　臂头肌　斜方肌　背阔肌　背最长肌　外腹斜肌　臀中肌　臀大肌　阔筋膜张肌　股外肌（四头肌）

口轮匝肌　颧咬肌　颧弓肌　肱二头肌　肱三头肌　鹰嘴　胸升肌　腹直肌　足部屈肌　腓肠肌　跟腱

上颌骨　颧骨　矢状嵴　颈椎　肩胛骨　胸椎　腰椎　骶椎　荐椎　耻骨　尾椎
鼻骨　下颌骨　耳骨　肩关节　肱骨　桡骨　趾骨　掌骨　腕骨　尺骨　鹰嘴　肋弓　肋骨　膝盖骨　股骨　坐骨　腓骨　胫骨　跗骨　跖骨　跟骨

<small>huàn</small>

浣熊

Procyon lotor

科 目 食肉目浣熊科

别 称 无

浣熊面部长有黑色眼斑，形象滑稽，被戏称为"蒙面大盗"。浣熊体形较小，全身毛色为灰棕色混杂，毛比较密，耳朵略圆，爪子不能收缩且不太锋利，但是手掌的灵活度较小熊猫更强，善于抓拿食物等小物体。体态与小熊猫相似，但头部形状略有差异，其吻部较小熊猫更为狭长，更像是獾类等大型鼬科动物。

浣熊的肌肉和骨骼与小熊猫的较为相似，因此这里仅做外形展示。

<small>10739</small>

树袋熊

Phascolarctos cinereus

科目 袋鼠目树袋熊科

别称 考拉、无尾熊

树袋熊体形肥胖，毛厚实，没有尾巴，又称"无尾熊"。虽然人们很容易将树袋熊看作熊科动物，但是树袋熊的食性与熊科动物的相去甚远，从其身体结构上可以看到明显差异，尤其是头骨部分，具有类似啮齿类动物结构的特点。

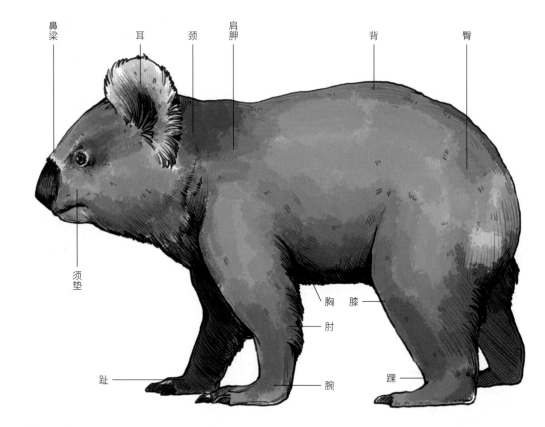

鼻梁　耳　颈　肩胛　背　臀

须垫　胸　膝　肘　趾　腕　踝

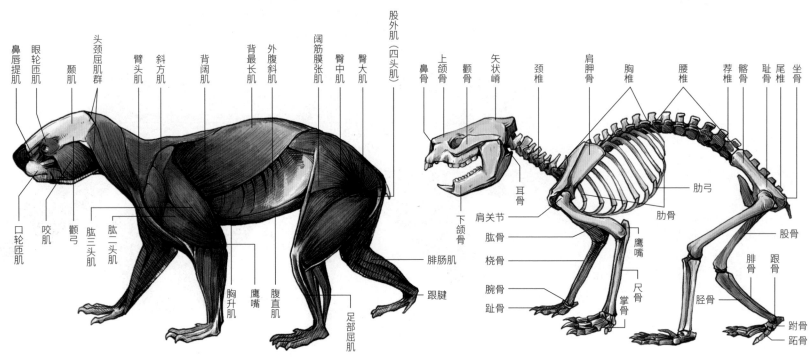

鼻唇提肌　眼轮匝肌　颞肌　头颈屈肌群　臂头肌　斜方肌　背阔肌　背最长肌　外腹斜肌　阔筋膜张肌　臀中肌　臀大肌　股外肌（四头肌）　鼻骨　上颌骨　颧骨　矢状嵴　颈椎　肩胛骨　胸椎　腰椎　荐椎　髂骨　耻骨　尾椎　坐骨

口轮匝肌　咬肌　颧弓　肱三头肌　肱二头肌　胸升肌　鹰嘴　腹直肌　足部屈肌　腓肠肌　跟腱　耳骨　下颌骨　肩关节　肱骨　桡骨　腕骨　趾骨　掌骨　尺骨　鹰嘴　肋弓　肋骨　股骨　腓骨　跟骨　胫骨　跗骨　跖骨

美洲水鼬

Neovison vison

科目 食肉目鼬科

别称 美洲水貂

美洲水鼬皮毛光滑，腹毛较软，背毛较硬，通常呈深褐色或黑色，并具有一定的耐水性。其身体灵活，非常善于捕捉比自己体形更大的动物。从外形上来看，美洲水鼬很像一只被"拉长"的老鼠，但从身体结构上可以明显看出美洲水鼬是小型食肉动物。

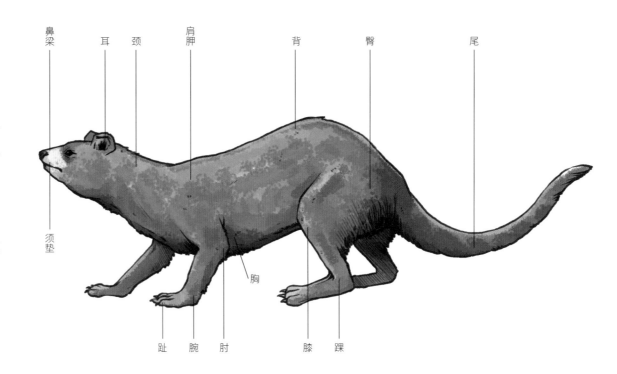

鼻梁　耳　颈　肩胛　背　臀　尾
须垫
胸
趾　腕　肘　膝　踝

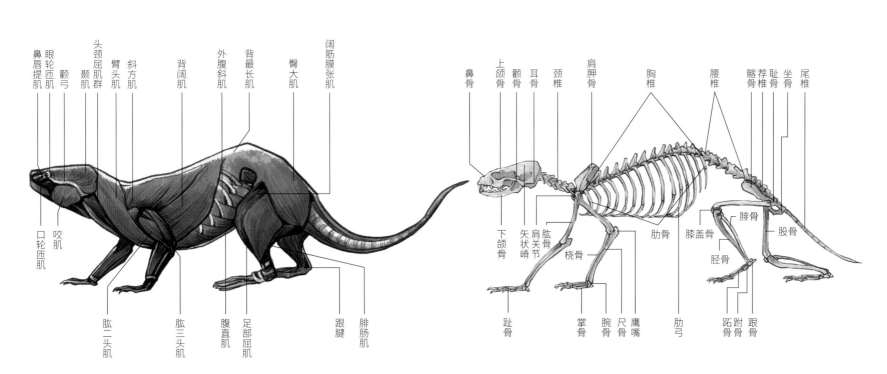

鼻唇提肌　眼轮匝肌　颧弓　头颈屈肌群　颞肌　臂头肌　斜方肌　背阔肌　外腹斜肌　背最长肌　臀大肌　阔筋膜张肌

口轮匝肌　咬肌　肱二头肌　肱三头肌　腹直肌　足部屈肌　跟腱　腓肠肌

鼻骨　上颌骨　颧骨　耳骨　颈椎　肩胛骨　胸椎　腰椎　髂骨　荐椎　耻骨　坐骨　尾椎

下颌骨　矢状嵴　肩关节　肱骨　桡骨　腕骨　尺骨　鹰嘴　肋骨　肋弓　膝盖骨　腓骨　股骨

趾骨　掌骨　胫骨　跖骨　跗骨　跟骨

貂熊

Gulo gulo

科目 食肉目鼬科

别称 狼獾、飞熊

　　貂熊外形很像熊科动物，但体形比熊科动物小很多。其耳朵在头部的占比很小，背部拱起，四肢短健，四肢相较其他鼬科动物更有力量，尾粗且长。

　　貂熊的肌肉和骨骼与美洲水鼬的较为相似，因此这里仅做外形展示。

蜜獾
huān

Mellivora capensis

科目 食肉目鼬科

别称 平头哥

蜜獾是现存蜜獾属中唯一的物种，因喜食蜜蜂幼虫和蛹而得名。蜜獾整体肌肉看上去非常丰满，头后部宽阔，耳朵和眼睛相对较小，鼻子平钝且呈棕色。从身体结构上可以看出蜜獾像是一只体形较大的鼬。

蜜獾的肌肉和骨骼与美洲水鼬的较为相似，因此这里仅做外形展示。

袋獾

Sarcophilus harrisii

科目 袋鼬目袋鼬科

别称 塔斯马尼亚恶魔

袋獾是袋獾属中唯一未灭绝的物种，其体形类似小型犬，头部呈圆锥状，尾巴粗短，但肌肉发达，显得十分壮硕。

袋獾的肌肉和骨骼与美洲水鼬的较为相似，因此这里仅做外形展示。

家猪

Sus scrofa domestica

科目 偶蹄目猪科

别称 豕、豚

　　家猪的身体肥硕，四肢粗短，耳朵肥大，尾巴短小，相较野猪性格更为温驯。家猪的演化是根据人类的需求而改变的，皮肤虽不如野猪坚实，但体脂较野猪更高，獠牙失去了存在的必要，因为不需要耗费精力去觅食，所以吻部变得更短。

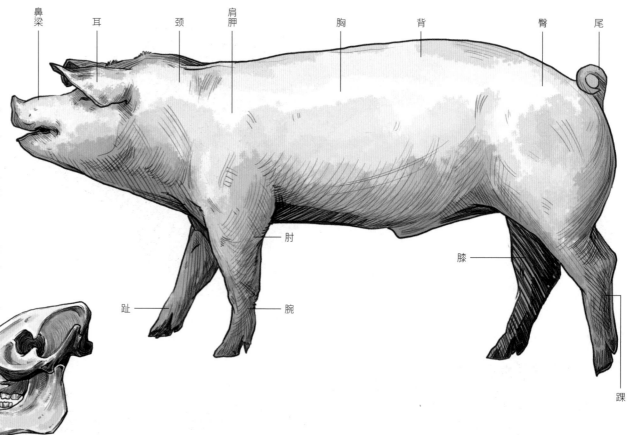

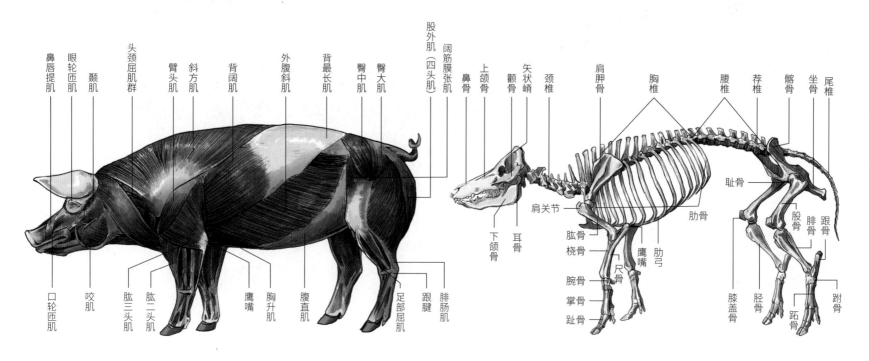

欧亚野猪

Sus scrofa

科 目 偶蹄目猪科

别 称 山猪

　　欧亚野猪是家猪的野生祖先，与家猪的不同之处在于欧亚野猪的吻部更长，并且长有极具攻击性的长獠牙。其毛旺盛，硬且稀疏，通体呈黑色，年幼时毛呈黄褐色，同时伴有黑色条纹。

　　欧亚野猪的肌肉与家猪的较为相似，因此这里仅做外形和骨骼展示。

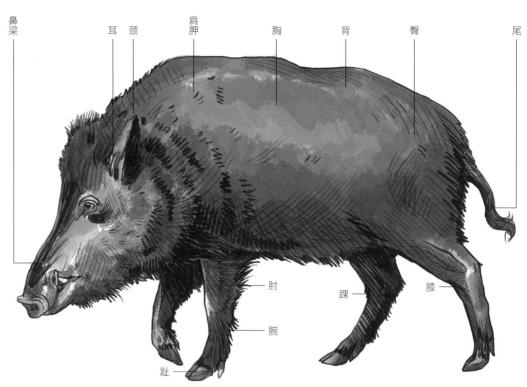

鼻梁　耳　颈　肩胛　胸　背　臀　尾
肘　踝　膝
腕
趾

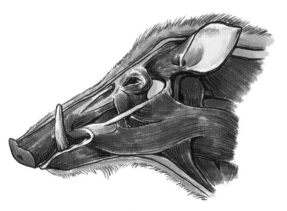

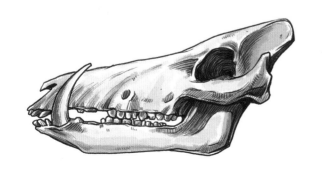

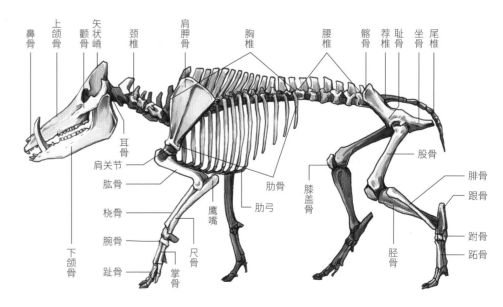

鼻骨　上颌骨　颧骨　矢状嵴　颈椎　肩胛骨　胸椎　腰椎　髂骨　荐椎　耻骨　坐骨　尾椎
耳骨　肩关节　肱骨　肋骨　膝盖骨　股骨
桡骨　鹰嘴　肋弓　腓骨
腕骨　尺骨　跟骨
趾骨　掌骨　胫骨　跗骨
下颌骨　跖骨

鹿豚

Babyrousa

科 目 偶蹄目猪科

别 称 鹿猪

鹿豚毛稀疏且短，皮肤皱且极其坚厚。与其他猪科动物相比，鹿豚最大的特点是长有向上翻起的4颗獠牙，獠牙较长，其中上獠牙会直接穿透颌骨并露于皮肤表面。

鹿豚的肌肉和骨骼与家猪的较为相似，因此这里仅做外形展示。

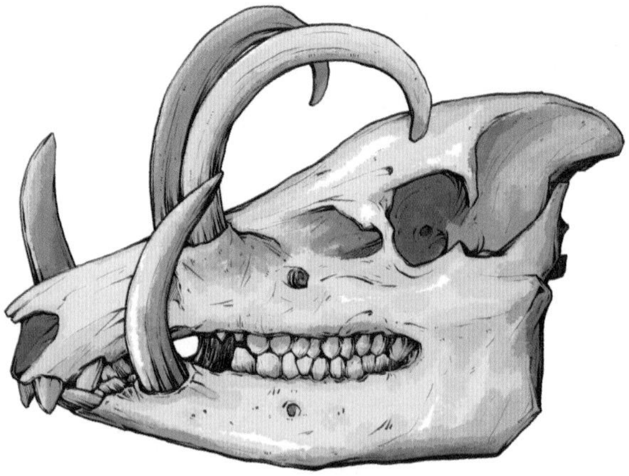

黄牛

Bos taurus

科 目 偶蹄目牛科

别 称 家牛

　　黄牛是多种饲养牛类的统称，观察黄牛的身体结构可以推演出很多与之类似的牛科动物。黄牛作为食草类动物，四肢肌肉较弱，但头部、颈部与躯干的肌肉非常强健。槽牙发达，有助于研磨食物，上颌骨无齿，肋骨较羊类动物的肋骨更宽且扁平。

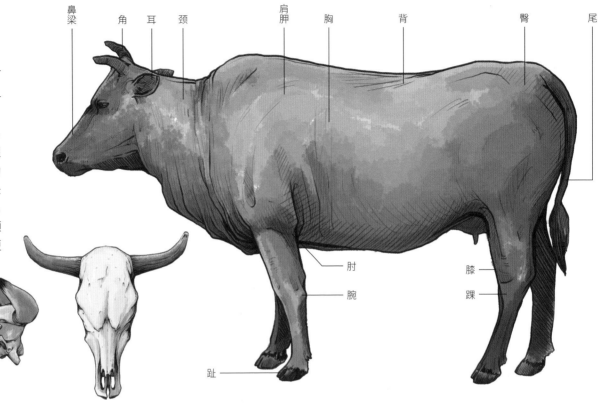

鼻梁　角　耳　颈　肩胛　胸　背　臀　尾　肘　腕　趾　膝　踝

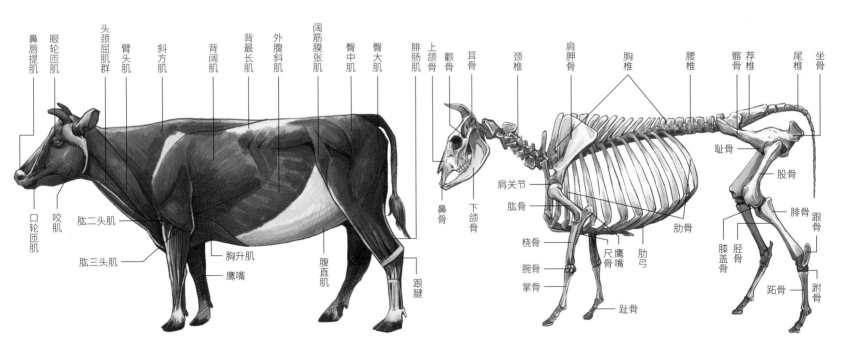

鼻唇提肌　眼轮匝肌　头颈屈肌群　臀头肌　斜方肌　背阔肌　背最长肌　外腹斜肌　阔筋膜张肌　臀中肌　臀大肌　腓肠肌　上颌骨　颧骨　耳骨　颈椎　肩胛骨　胸椎　腰椎　髂骨　荐椎　尾椎　坐骨

口轮匝肌　咬肌　肱二头肌　肱三头肌　鹰嘴　胸升肌　腹直肌　跟腱　鼻骨　下颌骨　肩关节　肱骨　桡骨　腕骨　掌骨　尺骨　鹰嘴　趾骨　肋骨　肋弓　耻骨　股骨　腓骨　跟骨　膝盖骨　胫骨　跖骨　跗骨

牛科动物差异较大且种类繁多。这里选取了一些角的差异较为显著的动物进行展示。

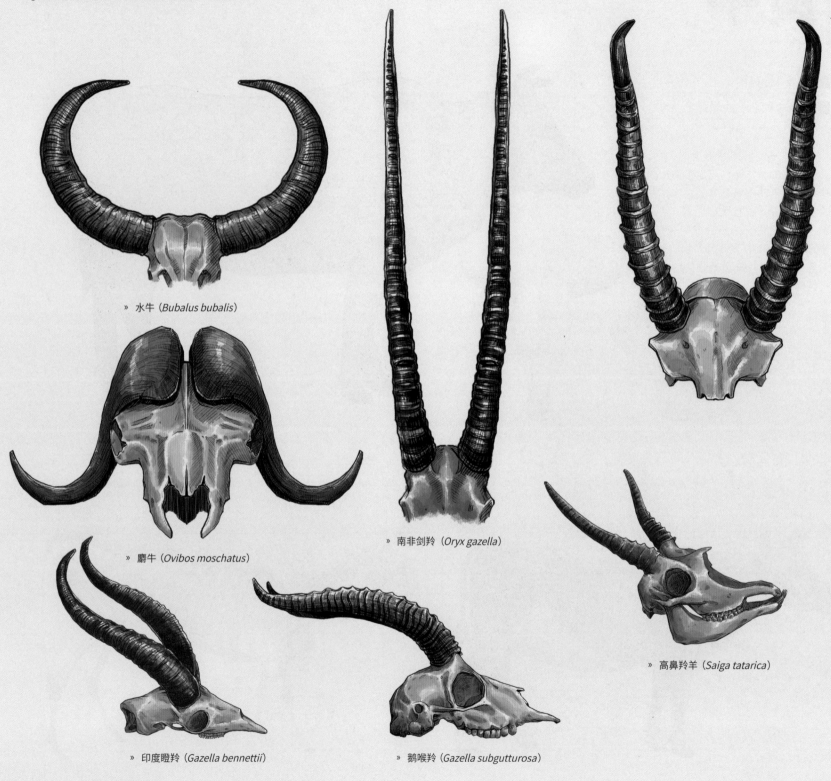

» 水牛 （*Bubalus bubalis*）

» 麝牛 （*Ovibos moschatus*）

» 南非剑羚 （*Oryx gazella*）

» 高鼻羚羊 （*Saiga tatarica*）

» 印度瞪羚 （*Gazella bennettii*）

» 鹅喉羚 （*Gazella subgutturosa*）

山羊

Capra hircus

科 目 偶蹄目牛羊亚科

别 称 夏羊、黑羊

山羊品种很多，世界上约有150个品种。与牛相比，山羊的体形小很多，头部与颈部看上去更狭长。它们没有庞大的体形，更善于奔跑和攀缘，这是为了躲避天敌而演化出的特性。

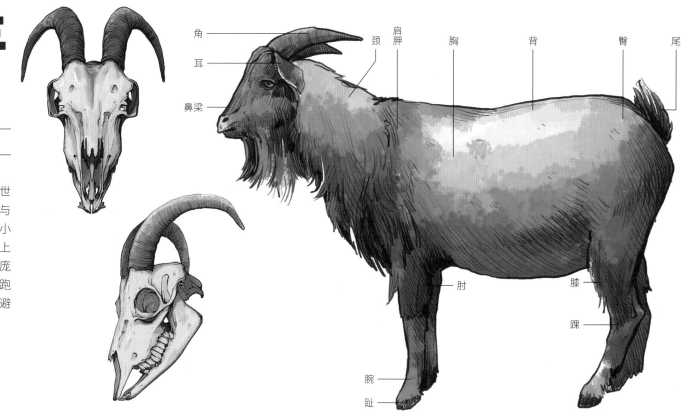

角　耳　鼻梁　颈　肩胛　胸　背　臀　尾　肘　膝　踝　腕　趾

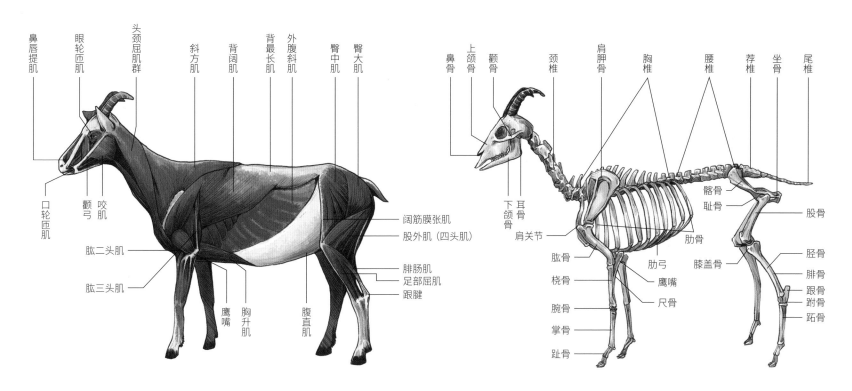

鼻唇提肌　眼轮匝肌　头颈屈肌群　斜方肌　背阔肌　背最长肌　外腹斜肌　臀中肌　臀大肌　口轮匝肌　颧弓　咬肌　肱二头肌　肱三头肌　鹰嘴　胸升肌　腹直肌　阔筋膜张肌　股外肌（四头肌）　腓肠肌　足部屈肌　跟腱

鼻骨　上颌骨　颧骨　颈椎　肩胛骨　胸椎　腰椎　荐椎　坐骨　尾椎　下颌骨　耳骨　肩关节　肱骨　桡骨　腕骨　掌骨　趾骨　髂骨　耻骨　肋骨　肋弓　鹰嘴　尺骨　股骨　膝盖骨　胫骨　腓骨　跟骨　跗骨　跖骨

白尾鹿

Odocoileus virginianus

科 目 偶蹄目鹿科

别 称 无

白尾鹿肌肉纤长，善于跳跃，鹿角从顶端额骨的两个球状凸起中生长出来。夏季整体毛色为栗红色，冬季毛量变多，毛色为灰褐色，腹部和尾底毛色为白色。

» 雄鹿侧面头骨

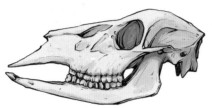

» 雌鹿侧面头骨

» 雄鹿正面头骨

角　耳　肩胛　颈　胸　背　臀　尾

鼻梁

肘

腕

趾

膝

踝

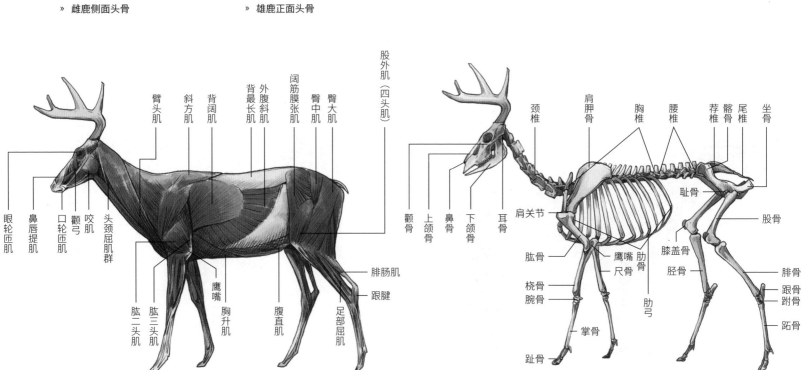

臀头肌　斜方肌　背阔肌　背最长肌　外腹斜肌　阔筋膜张肌　臀中肌　臀大肌　股外肌（四头肌）

眼轮匝肌　鼻唇提肌　口轮匝肌　颧弓　咬肌　头颈屈肌群

肱二头肌　肱三头肌　鹰嘴　胸升肌　腹直肌　足部屈肌　腓肠肌　跟腱

颧骨　上颌骨　鼻骨　下颌骨　耳骨　颈椎　肩胛骨　胸椎　腰椎　荐椎　骶骨　尾椎　坐骨

肩关节　肱骨　桡骨　腕骨　掌骨　趾骨　尺骨　鹰嘴　肋骨　肋弓　耻骨　膝盖骨　胫骨　股骨　腓骨　跟骨　跗骨　跖骨

麂子

Muntiacus reevesi

科 目 偶蹄目鹿科

别 称 麂鹿

麂子是鹿属动物的统称，因为鹿属动物之间差异较小，所以在此不做详细的区分。麂子是一种中小型的鹿科动物，腿细长有力，善于纵跳，皮很软，可以用来制革。麂子性情胆小，对于环境变化极为敏感。

角
耳
颈
肩胛
胸
背
臀
鼻梁
肘
膝
踝
腕
趾

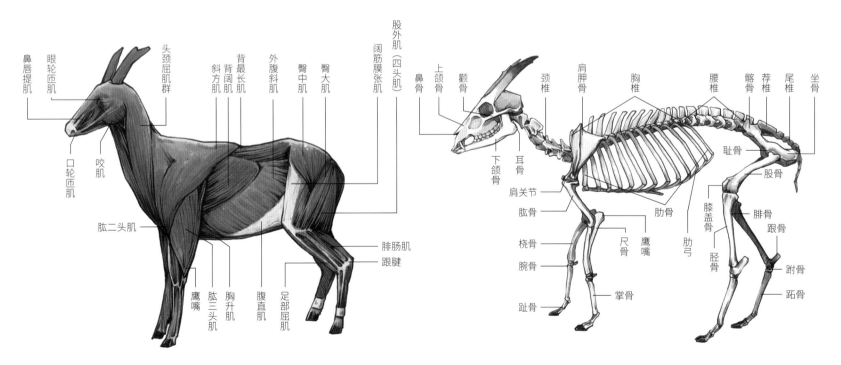

鼻唇提肌
眼轮匝肌
头颈屈肌群
斜方肌
背阔肌
背最长肌
外腹斜肌
臀中肌
臀大肌
股外肌（四头肌）
阔筋膜张肌

口轮匝肌
咬肌
肱二头肌
鹰嘴
肱三头肌
胸升肌
腹直肌
足部屈肌
腓肠肌
跟腱

鼻骨
上颌骨
颧骨
颈椎
肩胛骨
胸椎
腰椎
髂骨
荐椎
尾椎
坐骨
下颌骨
耳骨
肩关节
肱骨
桡骨
腕骨
趾骨
尺骨
鹰嘴
掌骨
肋骨
肋弓
耻骨
股骨
膝盖骨
腓骨
胫骨
跟骨
跗骨
跖骨

鼷鹿

XĪ

Tragulus kanchil

科 目 偶蹄目鼷鹿科

别 称 小鼷鹿、鼠鹿、小跳麂

鼷鹿属于现今较小的一类有蹄类哺乳动物，体形娇小，四肢细长，无角，上下颌骨均长有犬齿。

鼷鹿的肌肉和骨骼与鹿科动物的较为相似，因此这里仅做外形展示。

长颈鹿

Giraffa camelopardalis

科 目 偶蹄目长颈鹿科

别 称 麒麟鹿、长脖鹿

长颈鹿是现存陆生动物中较高的一种，其花纹由深色斑块与浅色网纹组成。雄鹿越成熟，毛色越深。

耳
鼻梁
颈
肩胛
胸
背
臀
尾

鼻唇提肌
眼轮匝肌
颞肌
咬肌
颧弓
口轮匝肌

肩胛横突肌
斜方肌
背阔肌
外腹斜肌
背最长肌
臀中肌
臀大肌

腱划三角肌
肱肌
尾股肌
阔筋膜张肌
半腱肌
股二头肌
胸升肌
腹直肌
膝盖
腓肠肌
跟腱

鼻骨
上颌骨
颧骨
颈椎
下颌骨
耳骨
肩胛骨
胸椎
腰椎
髂荐骨椎
尾椎
肩关节
肱骨
尺骨
耻骨
坐骨
股骨
桡骨
膝盖骨
肋骨
肋弓
腕骨
胫骨
跟骨
距骨
腓骨
掌骨
跗骨
趾骨
趾
膝
肘
腕
踝

霍加狓

Okapia johnstoni

科 目 偶蹄目长颈鹿科

别 称 欧卡皮鹿、奥卡狓、獾狗狓

　　霍加狓与长颈鹿有直系的亲缘关系，其全身呈巧克力色，下肢部分有白色条纹，毛短且有红色和绛红色的丝绒光泽。曾一度被认为是某种鹿和斑马杂交的个体。

　　霍加狓的肌肉和骨骼与长颈鹿的较为相似，因此这里仅做外形展示。

山西兽

Shansitherium

科目 偶蹄目长颈鹿科

别称 无

    山西兽是一种古长颈鹿，因其化石首先出土于山西中新世地层而得名。

    山西兽的肌肉与长颈鹿的较为相似，因此这里仅做外形和骨骼展示。

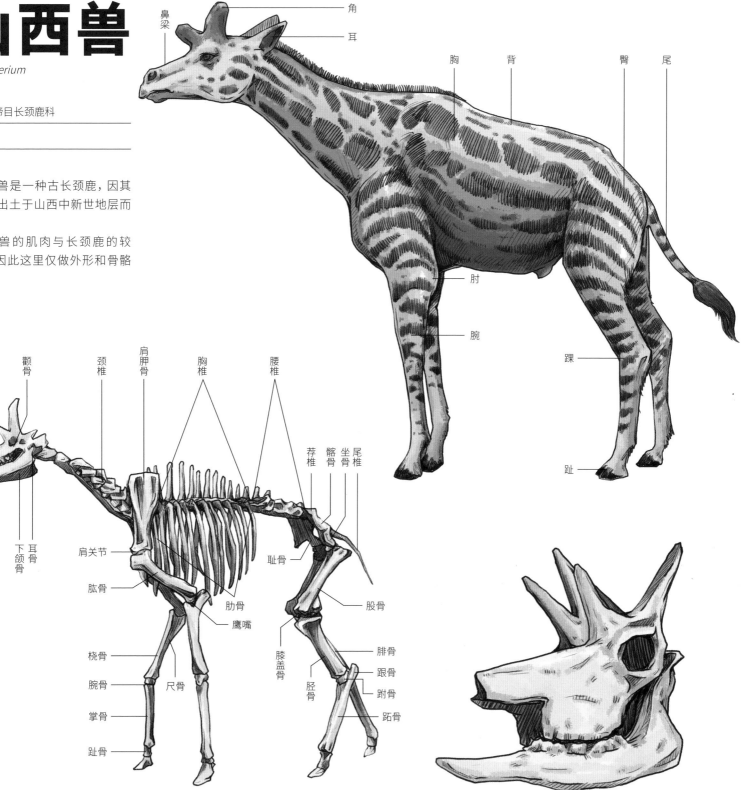

角

耳

鼻梁

胸　背　臀　尾

肘

腕

踝

趾

鼻骨　上颌骨　颧骨　颈椎　肩胛骨　胸椎　腰椎　荐椎　髂骨　坐骨　尾椎

下颌骨　耳骨

肩关节

肱骨

肋骨

鹰嘴

桡骨

腕骨　尺骨

掌骨

趾骨

耻骨

股骨

膝盖骨

胫骨

腓骨

跟骨

跗骨

跖骨

单峰驼

Camelus dromedarius

科 目 偶蹄目骆驼科

别 称 阿拉伯骆驼

单峰驼因只有一个驼峰，与双峰驼不同而得名。单峰驼头较小，颈粗长，且弯曲如鹅颈。其身材比双峰驼略高，躯体较双峰驼更为细瘦，腿更为细长。

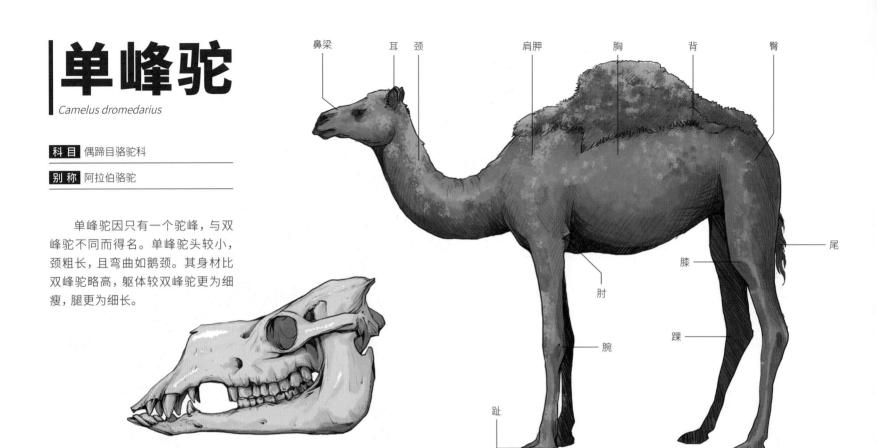

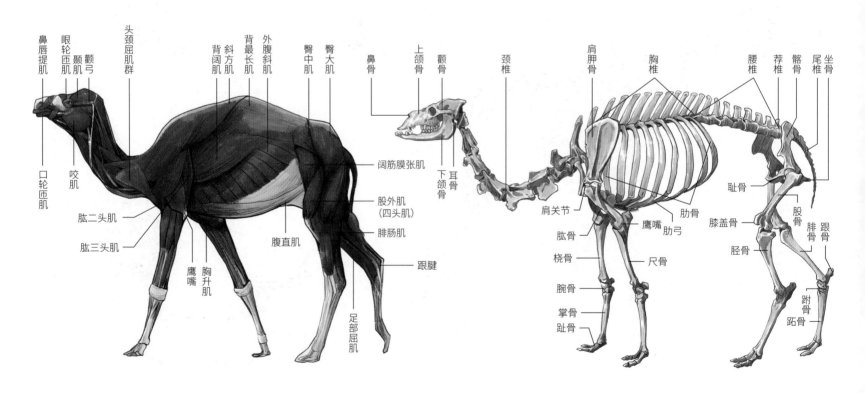

蓝鲸

Balaenoptera musculus

科目 偶蹄目须鲸科

别称 剃刀鲸

　　蓝鲸身躯瘦长且呈流线型，背部呈青灰色，下身颜色较淡。与其他须鲸科动物类似，蓝鲸也采用滤食的方式捕食，主要以甲壳类、小鱼类为食。

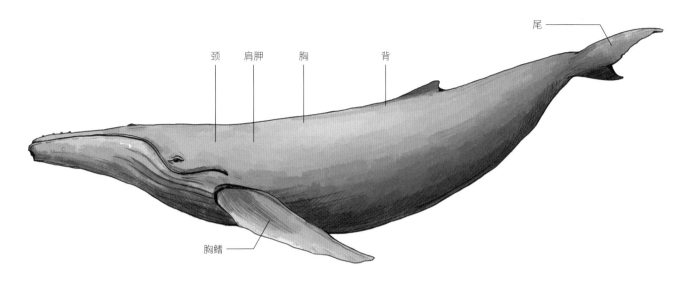

颈　肩胛　胸　背　尾

胸鳍

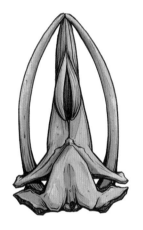

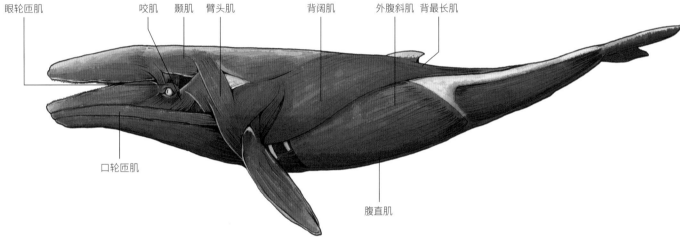

眼轮匝肌　咬肌　颞肌　臂头肌　背阔肌　外腹斜肌　背最长肌

口轮匝肌

腹直肌

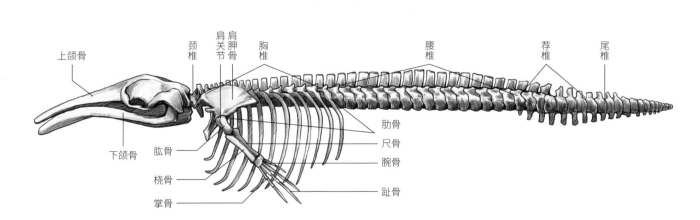

上颌骨　颈椎　肩关节　肩胛骨　胸椎　腰椎　荐椎　尾椎

下颌骨　肱骨　桡骨　掌骨　肋骨　尺骨　腕骨　趾骨

抹香鲸

Physeter macrocephalus

科 目 偶蹄目抹香鲸科

别 称 巨抹香鲸、卡切拉特鲸

　　抹香鲸头部占身体比例较大，下颌占头部比例较小，仅下颌长有牙齿。其颈部较短，头骨与躯干看上去直接相连，前肢演化成鳍，掌部变长，后肢也已退化，与尾部形成像鱼一样的尾鳍。

　　抹香鲸的肌肉与蓝鲸的较为相似，因此这里仅做外形和骨骼展示。

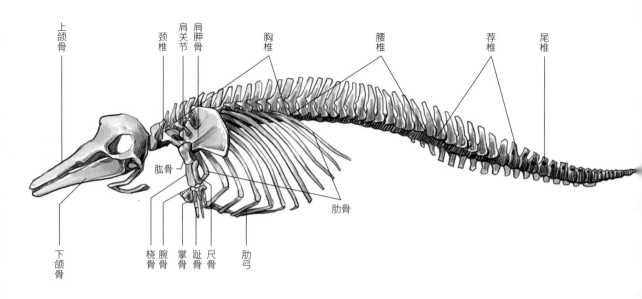

上颌骨　颈椎　肩关节　肩胛骨　胸椎　腰椎　荐椎　尾椎
下颌骨　肱骨　桡骨　腕骨　掌骨　趾骨　尺骨　肋弓　肋骨

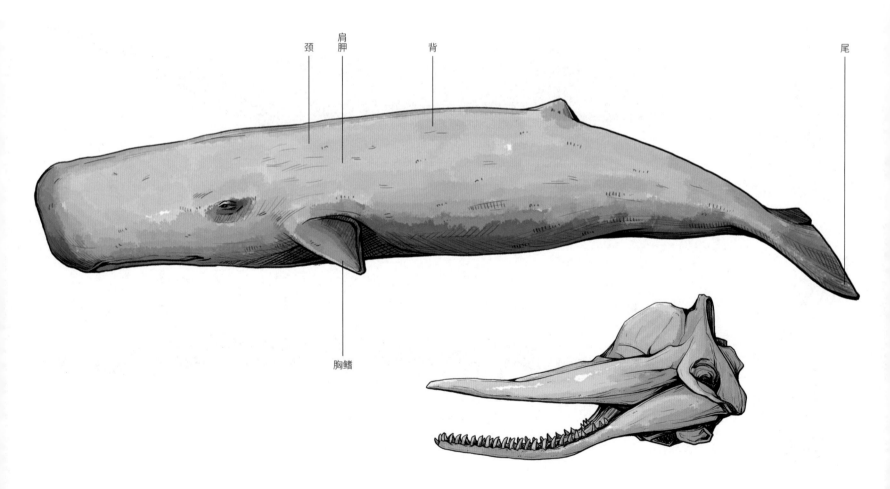

颈　肩胛　背　尾
胸鳍

一角鲸

Monodon monoceros

科 目 偶蹄目一角鲸科

别 称 独角鲸、长枪鲸

　　一角鲸所谓的"角"，实际上是异化的长牙，雄性的牙略长于雌性的牙，但大多数的雌鲸都没有长牙。

　　一角鲸腹部呈白色，背部有黑色的斑点或斑块，和其他鲸一样无背鳍，但不同的是一角鲸头骨和脊柱的连接方式更像陆地哺乳动物。

　　一角鲸的肌肉与蓝鲸的较为相似，因此这里仅做外形和骨骼展示。

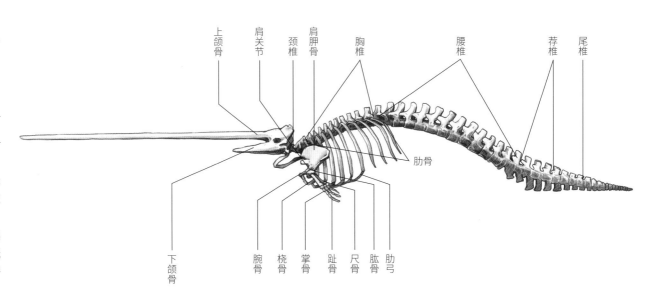

上颌骨　肩关节　颈椎　肩胛骨　胸椎　腰椎　荐椎　尾椎

肋骨

下颌骨　腕骨　桡骨　掌骨　趾骨　尺骨　肱骨　肋弓

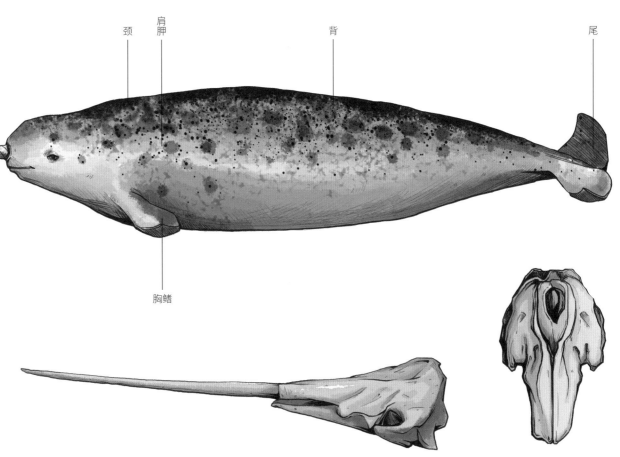

颈　肩胛　背　尾

胸鳍

宽吻海豚

Tursiops truncatus

科 目 偶蹄目海豚科

别 称 瓶鼻海豚、大海豚

宽吻海豚的身体呈流线型，皮肤光滑，像经过鞣制并抛光的皮革，背部呈黑色，腹部呈灰色或白色。皮下脂肪丰厚，主要起到储存能量和抵御寒冷的作用。

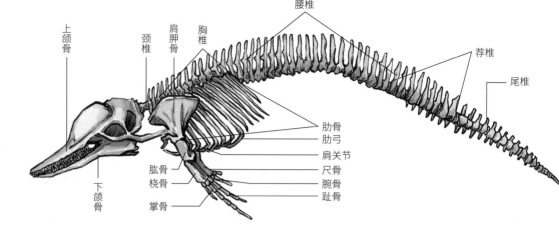

上颌骨　颈椎　肩胛骨　胸椎　腰椎　荐椎　尾椎　肋骨　肋弓　肩关节　尺骨　腕骨　趾骨　下颌骨　肱骨　桡骨　掌骨

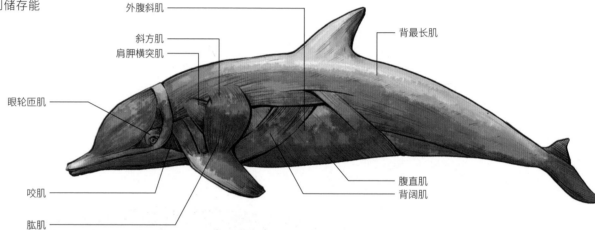

外腹斜肌　斜方肌　肩胛横突肌　背最长肌　眼轮匝肌　咬肌　肱肌　腹直肌　背阔肌

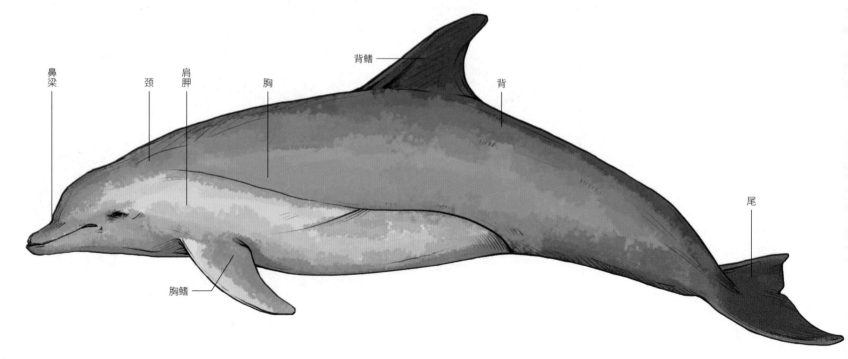

鼻梁　颈　肩胛　胸　背鳍　背　胸鳍　尾

伊河海豚

Orcaella brevirostris

| 科 目 | 偶蹄目海豚科 |

| 别 称 | 伊洛瓦底江豚、短吻海豚 |

　　伊河海豚是一类能够适应淡水生活环境的海豚，圆钝的头部和不突出的短吻是其区别于宽吻海豚的特征。

　　伊河海豚的肌肉和骨骼与宽吻海豚的较为相似，因此这里仅做外形展示。

河马

Hippopotamus amphibius

科 目 偶蹄目河马科

别 称 无

　　河马在亲缘关系上与鲸、豚更近。河马看似呆笨，但能以每小时30千米的速度奔跑。其性情温顺，同时也是非洲动物世界中较爱"打抱不平"的动物之一，会驱赶正在捕食弱小食草类动物的肉食动物。

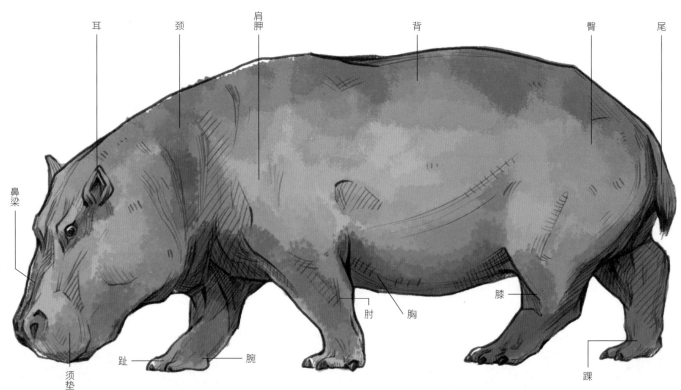

耳　颈　肩胛　背　臀　尾　鼻梁　肘　胸　膝　趾　腕　踝　须垫

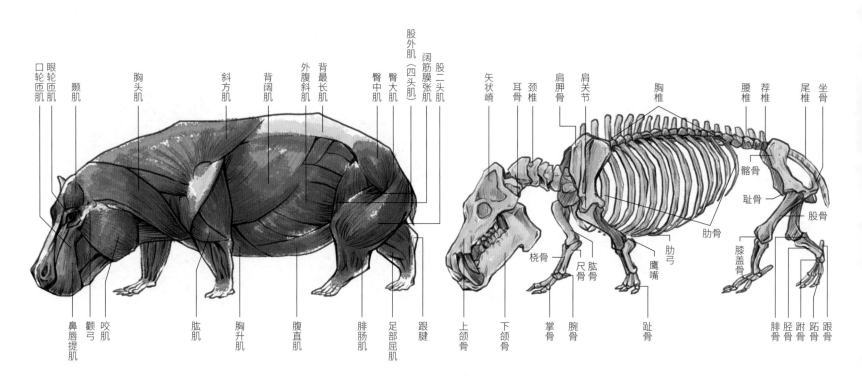

口轮匝肌　眼轮匝肌　颞肌　胸头肌　斜方肌　背阔肌　外腹斜肌　背最长肌　臀中肌　臀大肌　股二头肌　阔筋膜张肌　股外肌（四头肌）

鼻唇提肌　颧弓　咬肌　肱肌　胸升肌　腹直肌　腓肠肌　足部屈肌　跟腱

矢状嵴　耳骨　颈椎　肩胛骨　肩关节　胸椎　腰椎　荐椎　尾椎　坐骨

上颌骨　下颌骨　桡骨　尺骨　肱骨　掌骨　腕骨　鹰嘴　肋弓　趾骨　肋骨　髂骨　耻骨　股骨　膝盖骨　腓骨　胫骨　跗骨　跖骨　跟骨

大猩猩

Gorilla

科目 灵长目人科

别称 大猿

　　大猩猩是现存所有灵长类中体形最大的物种，其面部和耳朵无毛，上肢长于下肢，无尾。大猩猩在发育成熟后，背部毛粗硬，呈灰黑色。老年雄性的背部会变成银色。

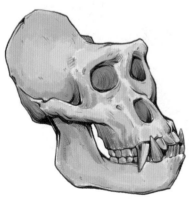

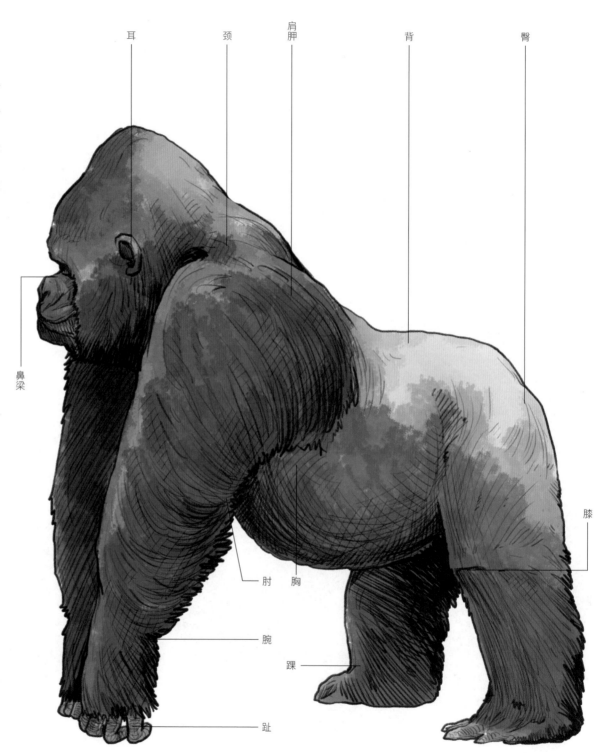

耳

颈

肩胛

背

臀

鼻梁

肘

胸

膝

腕

踝

趾

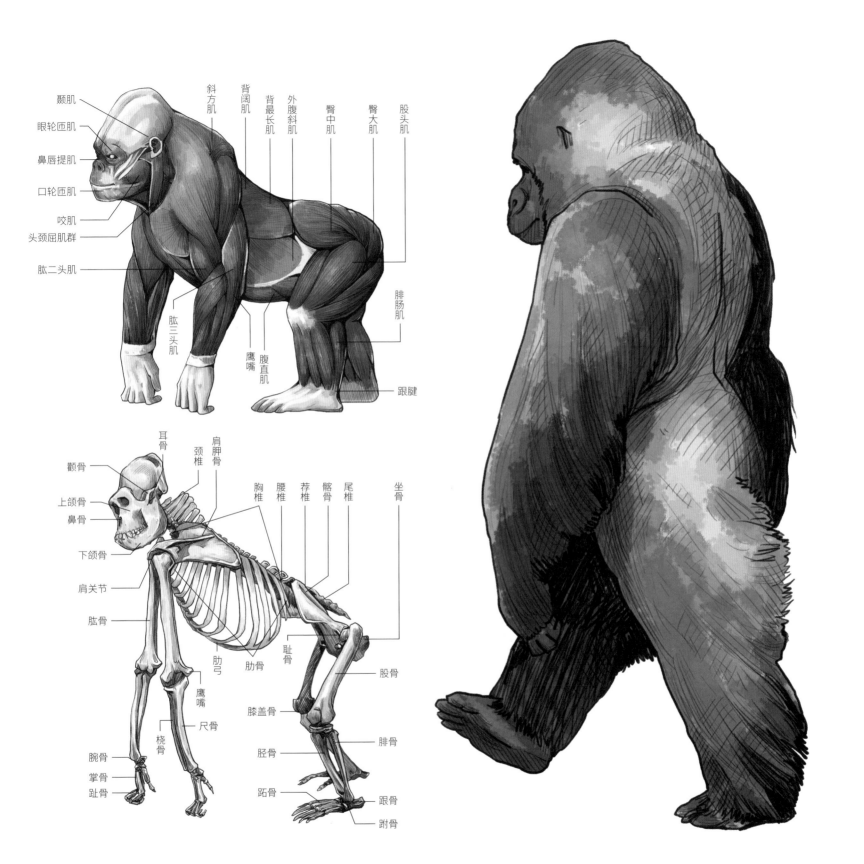

颞肌
眼轮匝肌
鼻唇提肌
口轮匝肌
咬肌
头颈屈肌群
肱二头肌
斜方肌
背阔肌
背最长肌
外腹斜肌
臀中肌
臀大肌
股头肌
肱三头肌
鹰嘴
腹直肌
腓肠肌
跟腱

耳骨
颧骨
上颌骨
鼻骨
下颌骨
肩关节
肱骨
肩胛骨
颈椎
胸椎
腰椎
荐椎
髂骨
尾椎
坐骨
耻骨
股骨
肋弓
肋骨
鹰嘴
尺骨
桡骨
腕骨
掌骨
趾骨
膝盖骨
胫骨
跖骨
腓骨
跟骨
跗骨

黑猩猩

科目 灵长目人科

别称 无

Pan troglodytes

　　黑猩猩是一种与人类亲缘较近的动物，其毛黑亮，臂膀较长且善于攀缘，面部和掌部毛稀疏，耳朵较大且突出，眼窝深陷，眉脊较高。

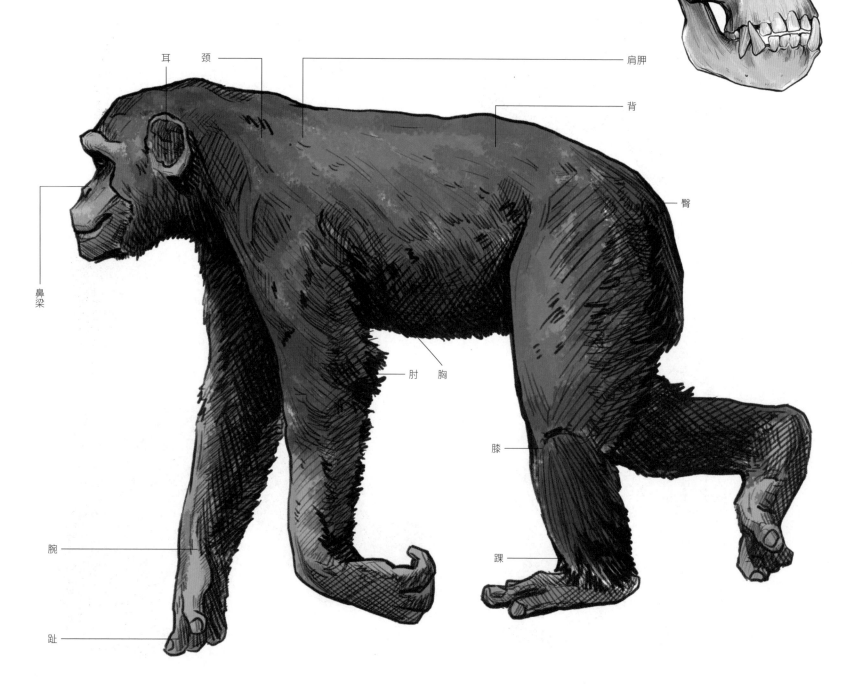

耳　颈　肩胛　背　臀　鼻梁　肘　胸　膝　腕　踝　趾

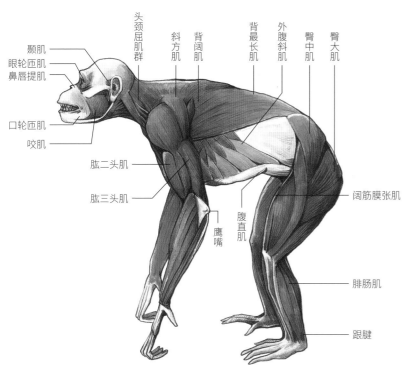

颞肌
眼轮匝肌
鼻唇提肌
口轮匝肌
咬肌
头颈屈肌群
斜方肌
背阔肌
背最长肌
外腹斜肌
臀中肌
臀大肌
肱二头肌
肱三头肌
鹰嘴
腹直肌
阔筋膜张肌
腓肠肌
跟腱

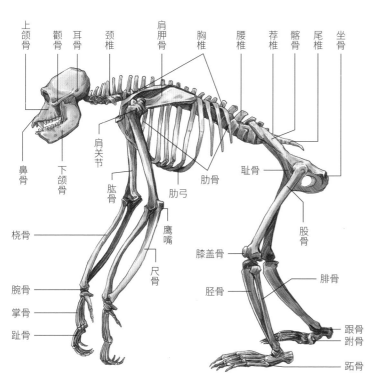

上颌骨
颧骨
耳骨
颈椎
肩胛骨
胸椎
腰椎
荐椎
髂骨
尾椎
坐骨
鼻骨
下颌骨
肩关节
肱骨
鹰嘴
尺骨
肋弓
肋骨
耻骨
股骨
桡骨
腕骨
掌骨
趾骨
膝盖骨
胫骨
腓骨
跟骨
跗骨
跖骨

蜘蛛猴

Ateles

科目 灵长目蛛猴科

别称 蜘蛛猿

　　蜘蛛猴毛色以黑色居多，头又圆又小，因细长的四肢和尾巴攀附在树上时形似蜘蛛而得名。

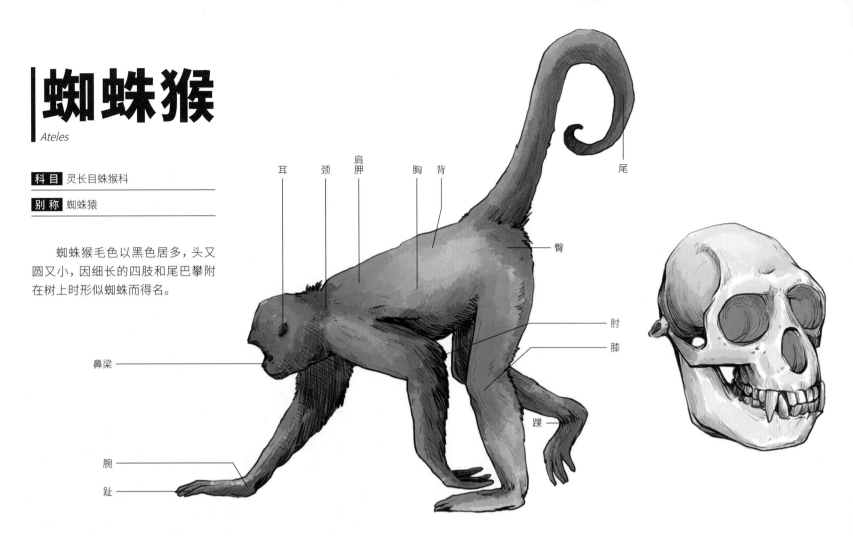

耳　颈　肩胛　胸　背　尾

臀

肘

膝

踝

鼻梁

腕

趾

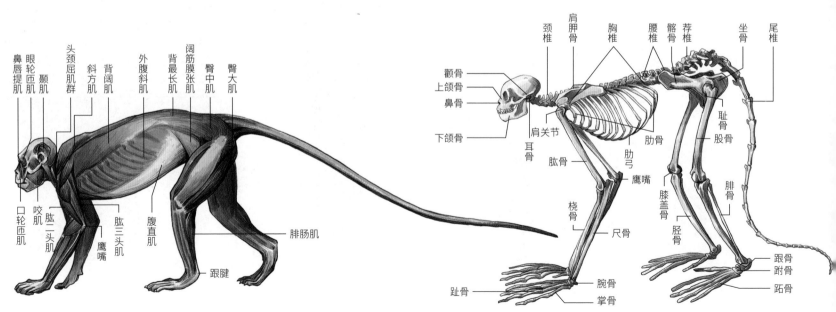

鼻唇提肌　眼轮匝肌　颞肌　头颈屈肌群　斜方肌　背阔肌　外腹斜肌　背最长肌　阔筋膜张肌　臀中肌　臀大肌

口轮匝肌　咬肌　肱二头肌　鹰嘴　肱三头肌　腹直肌　腓肠肌

跟腱

颈椎　肩胛骨　胸椎　腰椎　髂骨　荐椎　坐骨　尾椎

颧骨　上颌骨　鼻骨　下颌骨　肩关节　耳骨　肱骨　肋弓　肋骨　鹰嘴　耻骨　股骨　膝盖骨　胫骨　腓骨

桡骨　尺骨　腕骨　掌骨　趾骨　跟骨　跗骨　跖骨

金丝猴

Rhinopithecus

科 目 灵长目猴科

别 称 仰鼻猴

　　因为最初发现的金丝猴个体身披金色毛，所以被称为"金丝猴"。其具有吻短、唇厚与鼻部塌陷的特征。

　　金丝猴的肌肉和骨骼与蜘蛛猴的较为相似，因此这里仅做外形展示。

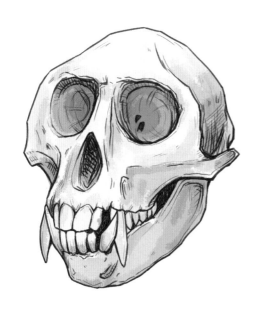

长鼻猴

Nasalis larvatus

科 目 灵长目猴科

别 称 天狗猴

长鼻猴因长有大鼻子而得名，其鼻子会随着年龄的增长而变得越来越大。成年雄性长鼻猴受到威胁时通常会用鼻子发出吼叫，同时下垂的鼻子鼓胀并高高挺起。

长鼻猴的肌肉和骨骼与蜘蛛猴的较为相似，因此这里仅做外形展示。

狒狒

Papio

科 目 灵长目猴科

别 称 无

狒狒的体形粗壮，其头部较大，额部突出，身体被厚且粗糙的灰褐色或棕色毛覆盖，背部和臀部毛色较深。

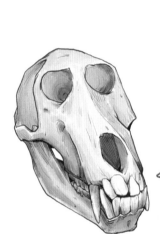

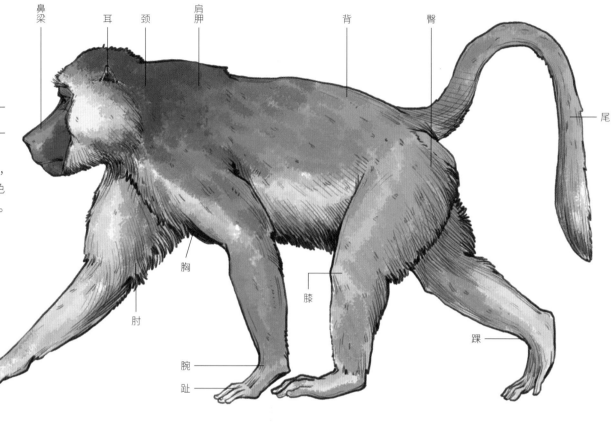

鼻梁　耳　颈　肩胛　背　臀　尾

胸　膝　肘　腕　趾　踝

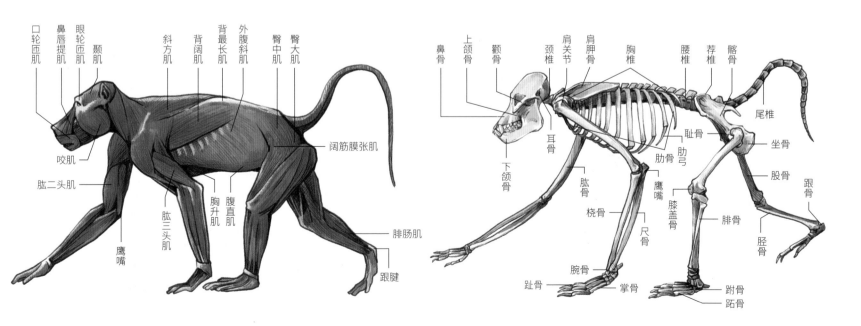

口轮匝肌　鼻唇提肌　眼轮匝肌　颞肌　斜方肌　背阔肌　背最长肌　外腹斜肌　臀中肌　臀大肌

咬肌　肱二头肌　肱三头肌　鹰嘴　胸升肌　腹直肌　阔筋膜张肌　腓肠肌　跟腱

鼻骨　上颌骨　颧骨　颈椎　肩关节　肩胛骨　胸椎　腰椎　荐椎　髂骨　尾椎

下颌骨　耳骨　肱骨　桡骨　尺骨　腕骨　掌骨　趾骨　鹰嘴　耻骨　肋骨　肋弓　膝盖骨　坐骨　股骨　胫骨　腓骨　跗骨　跖骨　跟骨

山魈
xiāo

Mandrillus sphinx

科目 灵长目猴科

别称 鬼狒狒

　　山魈被毛呈橄榄色，颅部狭长，前肢较后肢长而强健。雄性山魈面部色彩较为丰富，鼻梁呈鲜红色。在行动时，山魈身体后部会向下倾斜，尾部短而粗。

　　山魈的肌肉和骨骼与蜘蛛猴的较为相似，因此这里仅做外形展示。

家鼠

Mus musculus

科 目 啮齿目鼠科

别 称 耗子、老鼠

　　家鼠是大家鼠属和小家鼠属中一些种类的统称。因为这些种类与人类关系密切，所以被称为家鼠。家鼠主要通过门齿来切断食物，属于典型的啮齿目动物。

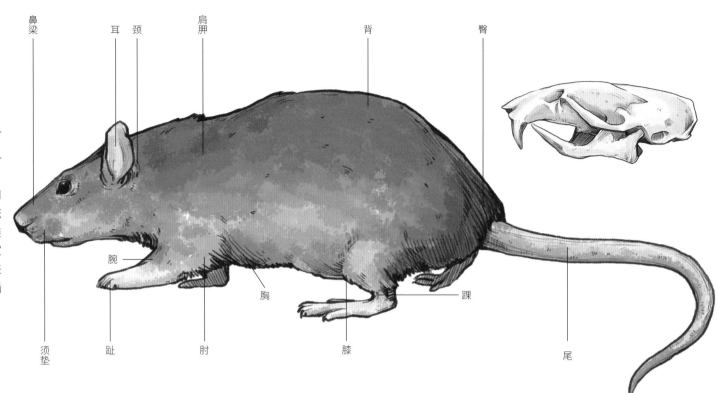

鼻梁　耳　颈　肩胛　背　臀

腕　胸　踝

须垫　趾　肘　膝　尾

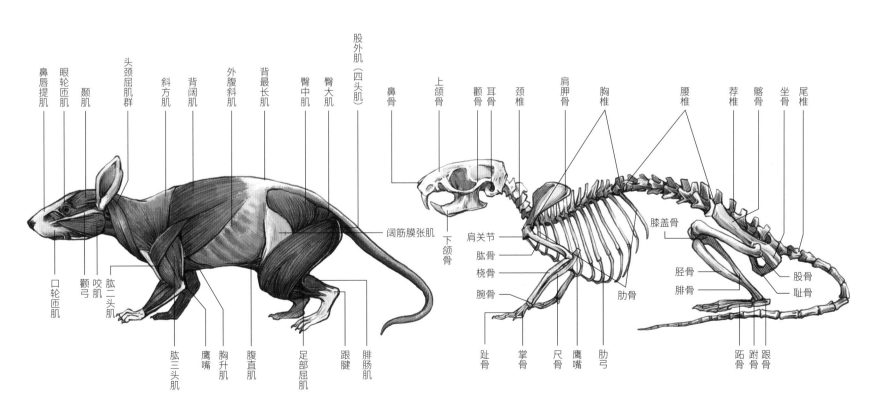

鼻唇提肌　眼轮匝肌　颞肌　头颈屈肌群　斜方肌　背阔肌　外腹斜肌　背最长肌　臀中肌　臀大肌　股外肌（四头肌）

口轮匝肌　颧弓　咬肌　肱二头肌　肱三头肌　鹰嘴　胸升肌　腹直肌　足部屈肌　跟腱　腓肠肌　阔筋膜张肌

鼻骨　上颌骨　颧骨　耳骨　颈椎　肩胛骨　胸椎　腰椎　荐椎　髂骨　坐骨　尾椎

下颌骨　肩关节　肱骨　桡骨　腕骨　趾骨　掌骨　尺骨　鹰嘴　肋骨　肋弓　膝盖骨　胫骨　腓骨　跖骨　跗骨　跟骨　股骨　耻骨

松鼠

Sciuridae

科 目 啮齿目松鼠科

别 称 树鼠

因松鼠的样子像老鼠，且喜欢啃食松果之类的坚果，尤其喜欢生活在松树上，故名松鼠。其头部和鼠科动物较为相似，身体灵活善攀缘，很多品种往往具有一条"大扫帚"一样的尾巴。

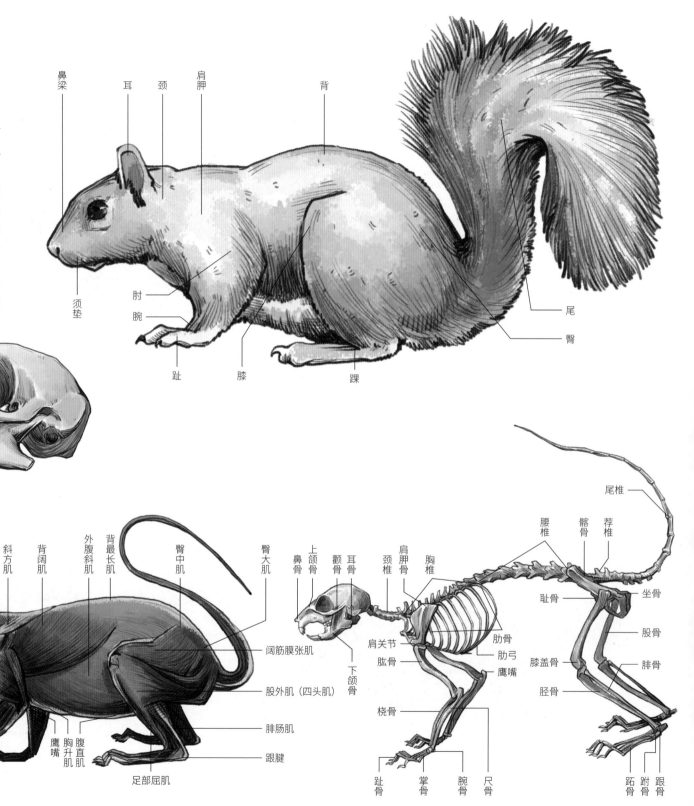

鼻梁 耳 颈 肩胛 背

须垫 肘 腕 趾 膝 踝

尾 臀

鼻唇提肌 眼轮匝肌 颧弓 颞肌 臂头肌 斜方肌 背阔肌 外腹斜肌 背最长肌 臀中肌 臀大肌

口轮匝肌 咬肌 肱二头肌 肱三头肌 鹰嘴 胸升肌 腹直肌 足部屈肌 阔筋膜张肌 股外肌（四头肌）腓肠肌 跟腱

尾椎

腰椎 髂骨 荐椎

上颌骨 颧骨 耳骨 颈椎 肩胛骨 胸椎

鼻骨 鼻梁 肩关节 肱骨 肋骨 肋弓 鹰嘴

下颌骨 耻骨 坐骨 股骨

桡骨 膝盖骨 腓骨 胫骨

趾骨 掌骨 腕骨 尺骨 跖骨 跗骨 跟骨

啮齿目动物一般体型较小，上下颌只有一对门牙，喜欢啮咬较坚硬的物体。这里展示了与其形态相似的蜜袋鼯（有袋目）与蹄兔（蹄兔目）等动物。

» 跳鼠（*Dipodidae*）

» 蜜袋鼯（*Petaurus breviceps*）

» 金丝熊（*Mesocricetus auratus*）

» 毛丝鼠（*Chinchilla lanigera*）

» 蹄兔（*Procavia capensis*）

» 松鼠（*Sciuridae*）

兔

Leporidae

科 目 兔形目兔科

别 称 兔子

兔是兔形目、兔科下所有属的总称。兔具有管状长耳、簇状短尾，毛色多样，后腿强健且比前肢长得多。

耳

颈
肩胛
背
臀
尾

鼻梁

须垫

腕
趾

肘

胸
踝

膝

鼻唇提肌
眼轮匝肌
臂头肌
颞肌
头颈屈肌群
斜方肌
背阔肌
背最长肌
外腹斜肌
阔筋膜张肌
臀中肌
臀大肌

口轮匝肌
咬肌
肱二头肌
肱三头肌
鹰嘴
胸升肌
腹直肌
足部屈肌
颧弓

股外肌（四头肌）
腓肠肌
跟腱

肩胛骨
胸椎
腰椎
荐椎
髂骨
坐骨
尾椎

鼻骨
上颌骨
颧骨
耳骨
颈椎

下颌骨
肩关节
肱骨
桡骨
尺骨
肋骨
肋弓
鹰嘴

耻骨
股骨
膝盖骨
腓骨
胫骨
跗骨
跖骨

趾骨
掌骨
腕骨

兔科动物属于兔形目，与啮齿目动物的主要区别在于头骨与牙齿的构造不同，
兔科动物下颌有一对门齿，上颌有两对门齿。

» 兔（*Leporidae*）

» 黑尾杰克兔（*Lepus californicus*）

» 家兔（*Oryctolagus cuniculus f. domesticus*）

家马

Equus ferus caballus

科目 奇蹄目马科

别称 马

家马属于奇蹄目成员中数量较多的一类。家马头部平直而偏长，耳短，四肢较长且骨骼坚实，蹄质坚硬，能在坚硬地面上快速奔跑。被人类驯化已有5000多年，主要用于交通、农业、战争、赛事等，通过人工培育，已有200多个品种。

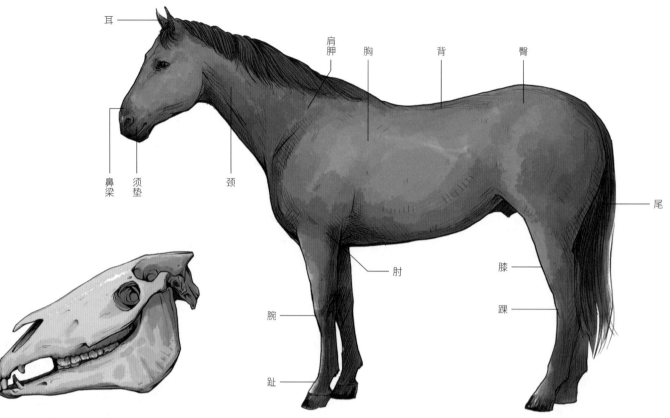

耳　肩胛　胸　背　臀
鼻梁　须垫　颈　尾　肘　膝　踝　腕　趾

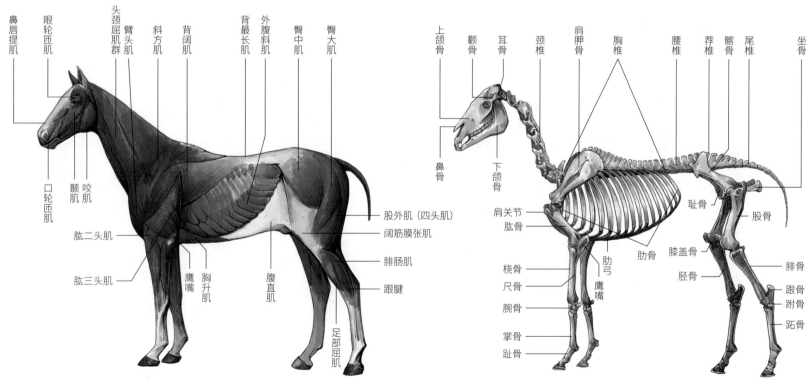

鼻唇提肌　眼轮匝肌　头颈屈肌群　臂头肌　斜方肌　背阔肌　背最长肌　外腹斜肌　臀中肌　臀大肌
口轮匝肌　颞肌　咬肌　肱二头肌　肱三头肌　鹰嘴　胸升肌　腹直肌　足部屈肌
股外肌（四头肌）　阔筋膜张肌　腓肠肌　跟腱

上颌骨　颧骨　耳骨　颈椎　肩胛骨　胸椎　腰椎　荐椎　髂骨　尾椎　坐骨
鼻骨　下颌骨　肩关节　肱骨　桡骨　尺骨　腕骨　掌骨　趾骨　肋弓　鹰嘴　肋骨　耻骨　膝盖骨　胫骨　股骨　腓骨　跟骨　跗骨　跖骨

斑马

Equus quagga

科 目 奇蹄目马科

别 称 无

斑马是现存的奇蹄目、马科、马属中3种兽类的统称，因其身上有起保护色作用的条纹而得名。斑马是现存动物中皮毛较为独特的一种，有趣的是没有两匹条纹完全相同的斑马，这一点与人类的指纹相似。

斑马的肌肉和骨骼与家马的较为相似，因此这里仅做外形展示。

白犀

Ceratotherium simum

科　目 奇蹄目犀科

别　称 白犀牛、方吻犀、宽吻犀

白犀形态独特，体形高大威猛，头部长有两个大小不同的角。

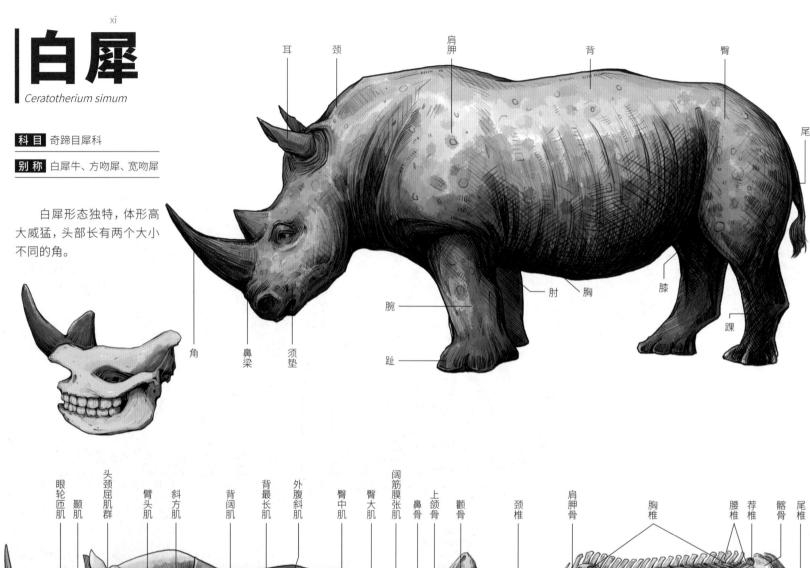

耳　颈　肩胛　背　臀　尾　膝　踝　肘　胸　腕　趾　角　鼻梁　须垫

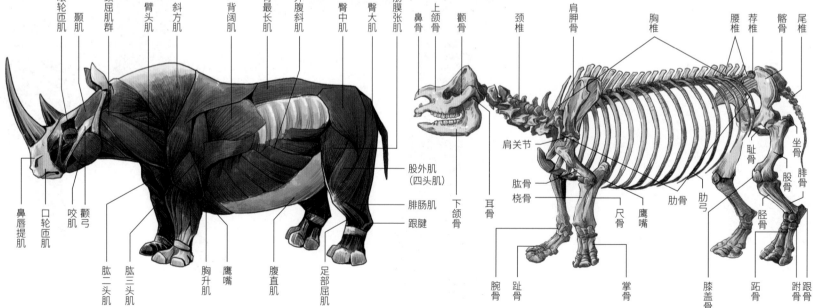

眼轮匝肌　头颈屈肌群　颞肌　臂头肌　斜方肌　背阔肌　背最长肌　外腹斜肌　臀中肌　臀大肌　阔筋膜张肌

鼻唇提肌　口轮匝肌　咬肌　颧弓　肱二头肌　肱三头肌　胸升肌　鹰嘴　腹直肌　足部屈肌

股外肌（四头肌）　腓肠肌　跟腱

鼻骨　上颌骨　颧骨　颈椎　肩胛骨　胸椎　腰椎　荐椎　髂骨　尾椎

肩关节　肱骨　桡骨　下颌骨　耳骨　腕骨　趾骨　尺骨　鹰嘴　掌骨　肋骨　肋弓　膝盖骨　耻骨　坐骨　股骨　腓骨　胫骨　跗骨　跗骨　跟骨　膝盖骨　距骨

亚洲貘
mò

Tapirus indicus

科 目 奇蹄目貘科

别 称 马来貘

亚洲貘全身毛色黑白相间，鼻子似象鼻，耳朵似犀耳，身躯似熊身，足部似虎足，尾巴似牛尾，又叫"五不像"。

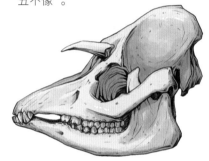

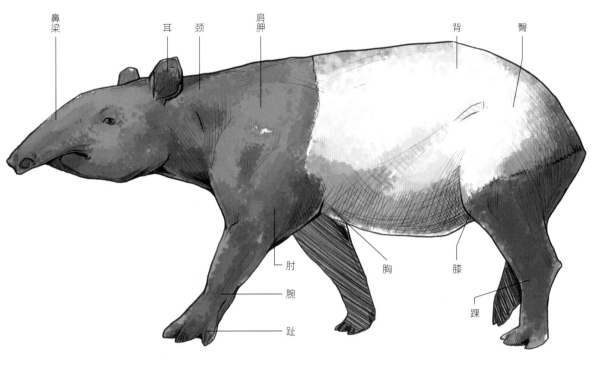

鼻梁　耳　颈　肩胛　背　臀

肘　胸　膝

腕

趾　踝

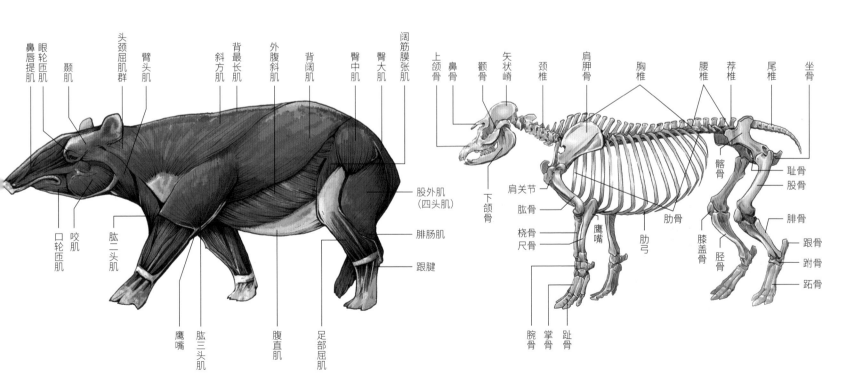

鼻唇提肌　眼轮匝肌　颞肌　头颈屈肌群　臀头肌　斜方肌　背最长肌　外腹斜肌　背阔肌　臀中肌　臀大肌　阔筋膜张肌

口轮匝肌　咬肌　肱二头肌　鹰嘴　肱三头肌　腹直肌　足部屈肌

股外肌（四头肌）

腓肠肌

跟腱

上颌骨　鼻骨　颧骨　矢状嵴　颈椎　肩胛骨　胸椎　腰椎　荐椎　尾椎　坐骨

下颌骨　肩关节　肱骨　桡骨　尺骨　鹰嘴　肋骨　肋弓　髂骨　膝盖骨　胫骨　耻骨　股骨　腓骨

腕骨　掌骨　趾骨　跟骨　跗骨　跖骨

亚洲象

Elephas maximus linnaeus

科目 长鼻目象科

别称 大象、野象

亚洲象眼小耳大，四肢粗壮，尾短而细，全身覆盖着稀疏短毛。

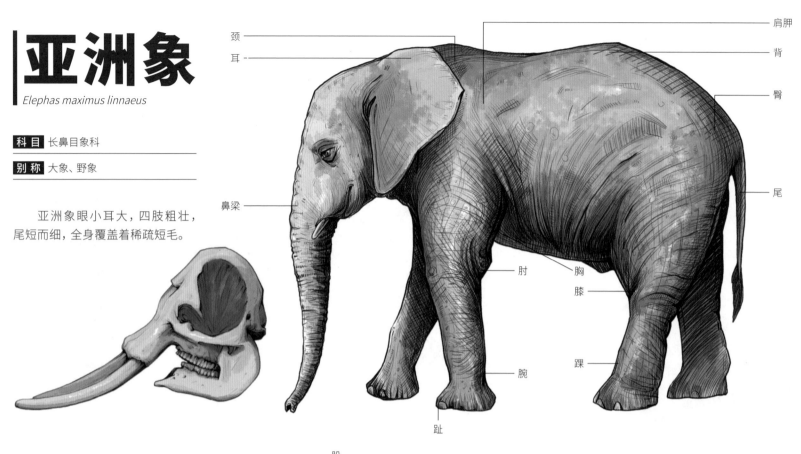

颈　耳　鼻梁　肩胛　背　臀　尾　肘　胸　膝　踝　腕　趾

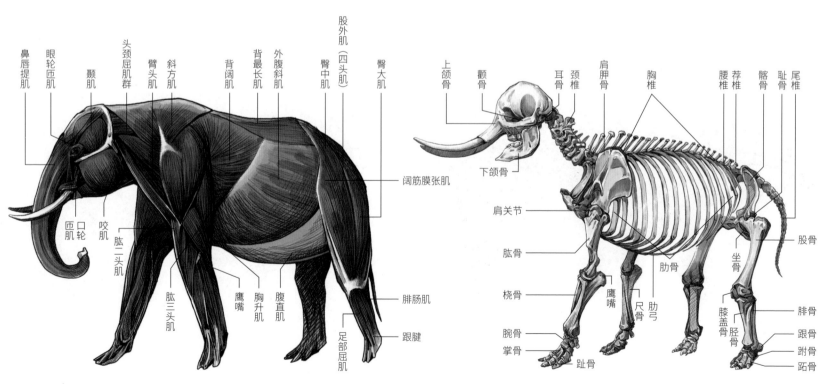

鼻唇提肌　眼轮匝肌　颞肌　头颈屈肌群　臂头肌　斜方肌　背阔肌　背最长肌　外腹斜肌　股外肌（四头肌）　臀中肌　臀大肌

匝肌　口轮　咬肌　肱二头肌　肱三头肌　鹰嘴　胸升肌　腹直肌　足部屈肌　阔筋膜张肌　腓肠肌　跟腱

上颌骨　颧骨　耳骨　颈椎　肩胛骨　胸椎　腰椎　荐椎　髂骨　耻骨　尾椎　下颌骨　肩关节　肱骨　桡骨　鹰嘴　尺骨　肋弓　肋骨　坐骨　股骨　腕骨　掌骨　趾骨　膝盖骨　胫骨　腓骨　跟骨　跗骨　跖骨

树懒
lǎn

Folivora

科目 披毛目树懒科

别称 树獭（tǎ）

树懒是披毛目下的树懒亚目动物的统称，共有2科2属6种。树懒形状略似猴，但行动迟缓，常用爪倒挂在树枝上数小时不移动，故被称为"树懒"。其被毛蓬松长厚，头圆耳小，全身毛色为灰褐色。

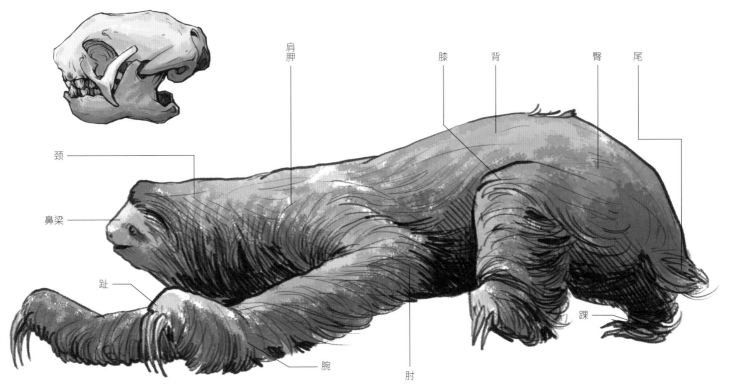

肩胛　膝　背　臀　尾

颈

鼻梁

趾

腕

肘

踝

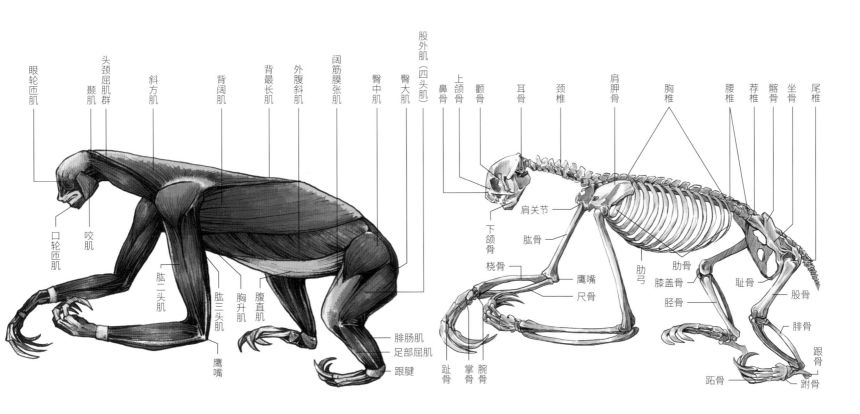

眼轮匝肌　头颈屈肌群　斜方肌　背阔肌　背最长肌　外腹斜肌　阔筋膜张肌　臀中肌　股外肌（四头肌）　臀大肌

颞肌

口轮匝肌　咬肌

肱二头肌　肱三头肌　胸升肌　腹直肌　鹰嘴　腓肠肌　足部屈肌　跟腱

鼻骨　上颌骨　颧骨　耳骨　颈椎　肩胛骨　胸椎　腰椎　荐椎　髂骨　坐骨　尾椎

肩关节　肱骨

下颌骨

桡骨　鹰嘴　尺骨　肋骨　肋弓　膝盖骨　胫骨　耻骨　股骨　腓骨

趾骨　掌骨　腕骨

跗骨　跖骨　跟骨

大食蚁兽

Myrmecophaga tridactyla

科目 蠕舌目食蚁兽科

别称 无

大食蚁兽属于现今食蚁兽中较大的一类动物，头部狭长，眼睛和耳部较小，吻部呈管状，无齿，舌头细长且能伸缩舔食蚁类和其他昆虫。

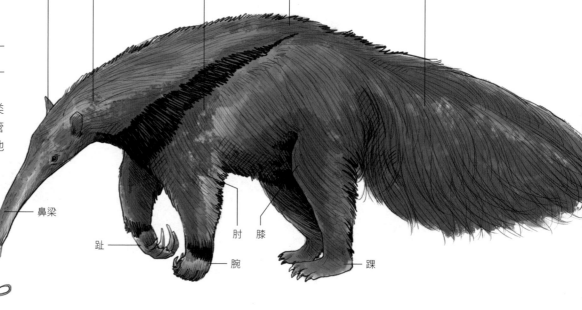

耳　颈　肩胛　背　尾

鼻梁

趾　肘　膝　腕　踝

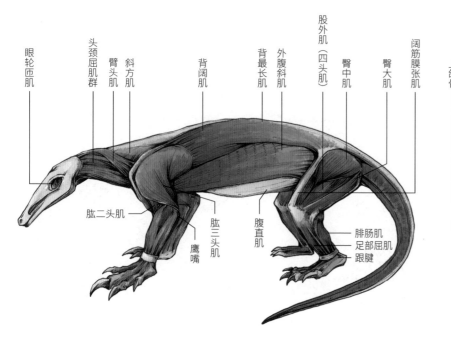

眼轮匝肌　头颈屈肌群　臀头肌　斜方肌　背阔肌　背最长肌　外腹斜肌　股外肌（四头肌）　臀中肌　臀大肌　阔筋膜张肌

肱二头肌　肱三头肌　鹰嘴　腹直肌　腓肠肌　足部屈肌　跟腱

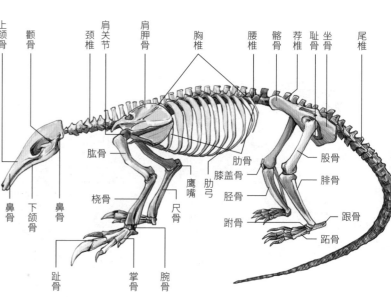

上颌骨　颧骨　颈椎　肩关节　肩胛骨　胸椎　腰椎　髂骨　荐椎　耻骨　坐骨　尾椎

肱骨　肋骨　膝盖骨　股骨　腓骨　胫骨　跗骨　跟骨　跖骨

鼻骨　下颌骨　鼻骨　桡骨　尺骨　鹰嘴　肋弓　趾骨　掌骨　腕骨

粗毛广绊犰狳

Cabassous hispidus

科目 贫齿目犰狳科

别称 铠鼠、披甲猪

　　粗毛广绊犰狳身上的甲壳是由许多小骨片组成的，每片小骨片上都长着一层角质物质，显得异常坚硬。虽然长相介于猪和穿山甲之间，但是粗毛广绊犰狳与树懒、大食蚁兽等树栖哺乳动物的血缘更为接近。

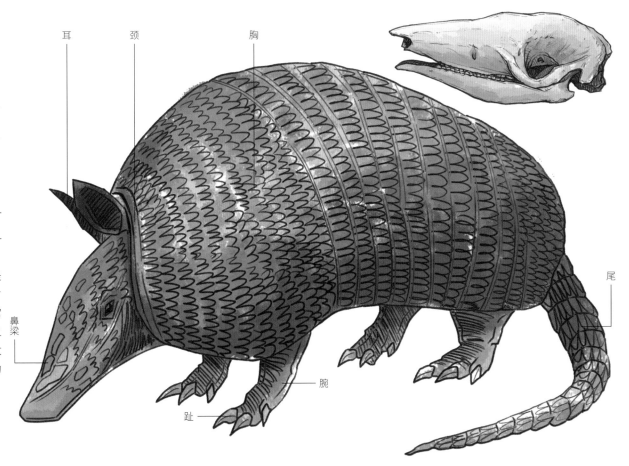

耳　颈　胸　尾　腕　趾　鼻梁

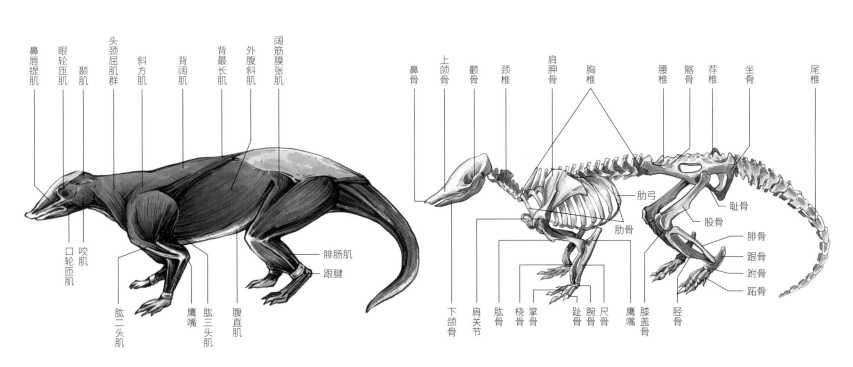

鼻唇提肌　眼轮匝肌　颞肌　头颈屈肌群　斜方肌　背阔肌　背最长肌　外腹斜肌　阔筋膜张肌　腓肠肌　跟腱　口轮匝肌　咬肌　肱二头肌　鹰嘴　肱三头肌　腹直肌

鼻骨　上颌骨　颧骨　颈椎　肩胛骨　胸椎　腰椎　髂骨　荐椎　坐骨　尾椎　肋弓　耻骨　股骨　腓骨　跟骨　跗骨　跖骨　胫骨　膝盖骨　鹰嘴　尺骨　腕骨　趾骨　掌骨　桡骨　肱骨　肩关节　下颌骨　肋骨

麝鼹

shè yǎn

Scaptochirus moschata

科 目 鼩形目鼹科

别 称 鼹鼠

麝鼹体形较为粗壮，吻部短且尖，眼睛退化并隐没于被毛之中，爪扁平且锐利。全身被毛细腻柔软，状似丝绒，但尾巴毛很稀疏。

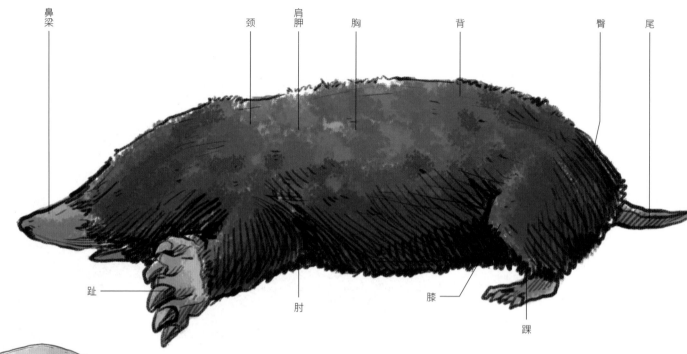

鼻梁　颈　肩胛　胸　背　臀　尾

趾　肘　膝　踝

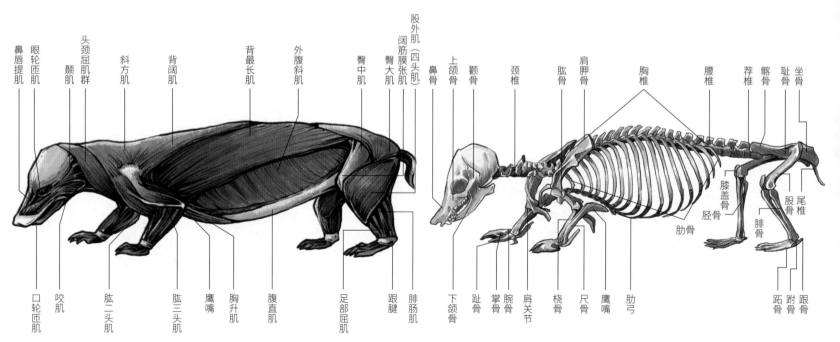

鼻唇提肌　眼轮匝肌　头颈屈肌群　颞肌　斜方肌　背阔肌　背最长肌　外腹斜肌　臀中肌　臀大肌　阔筋膜张肌　股外肌（四头肌）　鼻骨　上颌骨　颧骨　颈椎　肱骨　肩胛骨　胸椎　腰椎　荐椎　髂骨　耻骨　坐骨

口轮匝肌　咬肌　肱二头肌　肱三头肌　鹰嘴　胸升肌　腹直肌　足部屈肌　跟腱　腓肠肌　下颌骨　趾骨　掌骨　腕骨　肩关节　桡骨　尺骨　鹰嘴　肋弓　肋骨　膝盖骨　胫骨　股骨　腓骨　尾椎　跗骨　跟骨　跖骨

普通刺猬

Erinaceus europaeus

科目 猬形目猬科

别称 刺球子、毛刺、猬鼠

　　普通刺猬属于猬科、猬属。常见的刺猬体形肥圆，头宽而吻尖，头顶向后至尾部覆有棘刺，呈白色或暗棕色，并带有色环，四肢和尾部较为短小，爪子发达。

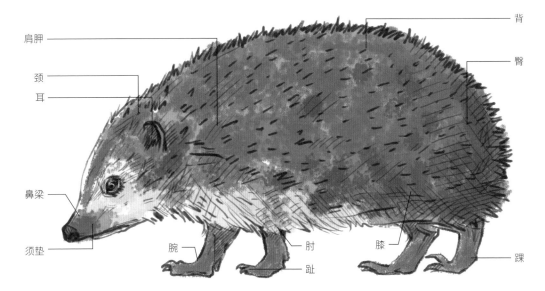

肩胛　颈　耳　鼻梁　须垫　腕　肘　趾　膝　背　臀　踝

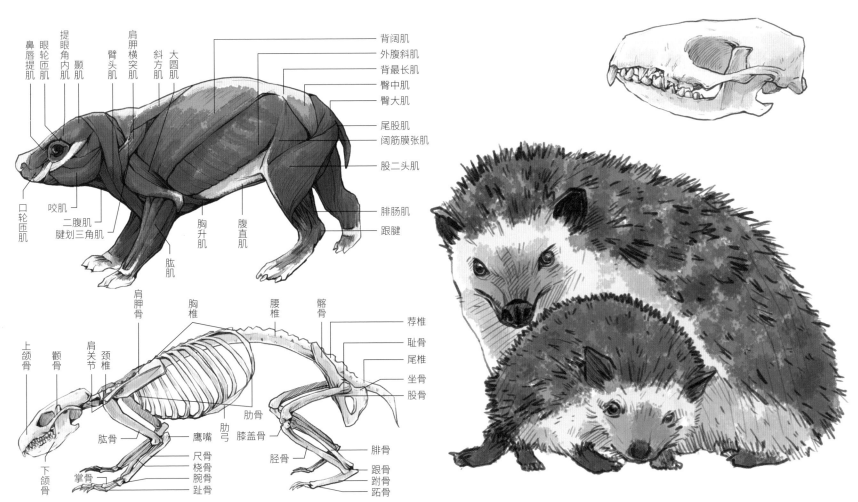

鼻唇提肌　眼轮匝肌　提眼角内肌　颞肌　肩胛横突肌　臂头肌　斜方肌　大圆肌　背阔肌　外腹斜肌　背最长肌　臀中肌　臀大肌　尾股肌　阔筋膜张肌　股二头肌　腓肠肌　跟腱

口轮匝肌　咬肌　二腹肌　腱划三角肌　肱肌　胸升肌　腹直肌

上颌骨　颧骨　肩关节　颈椎　胸椎　腰椎　髂骨　荐椎　耻骨　尾椎　坐骨　股骨

下颌骨　肱骨　尺骨　桡骨　腕骨　趾骨　掌骨　鹰嘴　肋弓　肋骨　膝盖骨　胫骨　腓骨　跟骨　跗骨　距骨

非洲迷你刺猬

Atelerix albiventris

科 目 猬形目猬科

别 称 四趾刺猬

　　非洲迷你刺猬属于常见的宠物之一，通常脚上只有4个脚趾，缺乏拇趾，因此也叫"四趾刺猬"。非洲迷你刺猬颜色有多种，如白色、茶色、雪花色等，体形肥矮，鼻子突出，嗅觉十分灵敏，四肢短小，但爪子锐利。

　　非洲迷你刺猬的肌肉和骨骼与普通刺猬的较为相似，因此这里仅做外形展示。

海岛狐蝠

Pteropus tonganus

科目 翼手目狐蝠科

别称 东加狐蝠

　　海岛狐蝠体形中等偏大，毛色为灰褐色或褐色，翅膀宽大、薄而柔软。

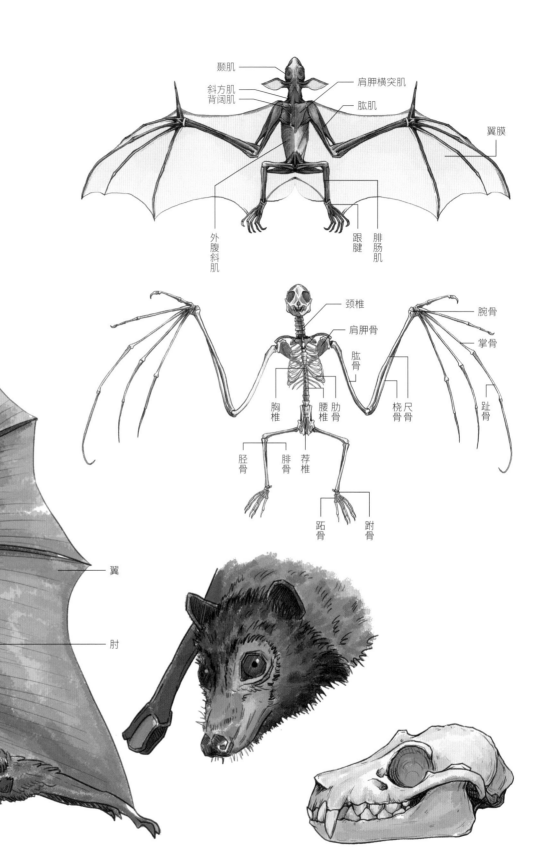

颞肌
斜方肌
背阔肌
肩胛横突肌
肱肌
翼膜
外腹斜肌
跟腱
腓肠肌

颈椎
肩胛骨
肱骨
腕骨
掌骨
桡骨
尺骨
趾骨
胸椎
腰椎
肋骨
胫骨
腓骨
荐椎
跖骨
跗骨

趾
翼
肘
鼻梁
耳
颈

中华菊头蝠

Rhinolophus sinicus

科 目 翼手目菊头蝠科

别 称 栗黄菊头蝠

中华菊头蝠毛色为橙色、锈黄色或褐黄色。眼睛较小，耳朵较大且无耳屏；胸骨发达，龙骨凸起。通常栖息于自然岩洞中，停息时后足倒钩，呈倒悬姿势。

中华菊头蝠的肌肉与海岛狐蝠的较为相似，因此这里仅做外形和骨骼展示。

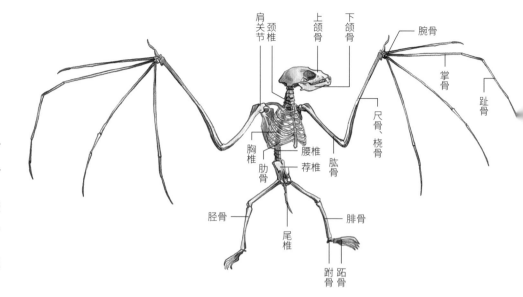

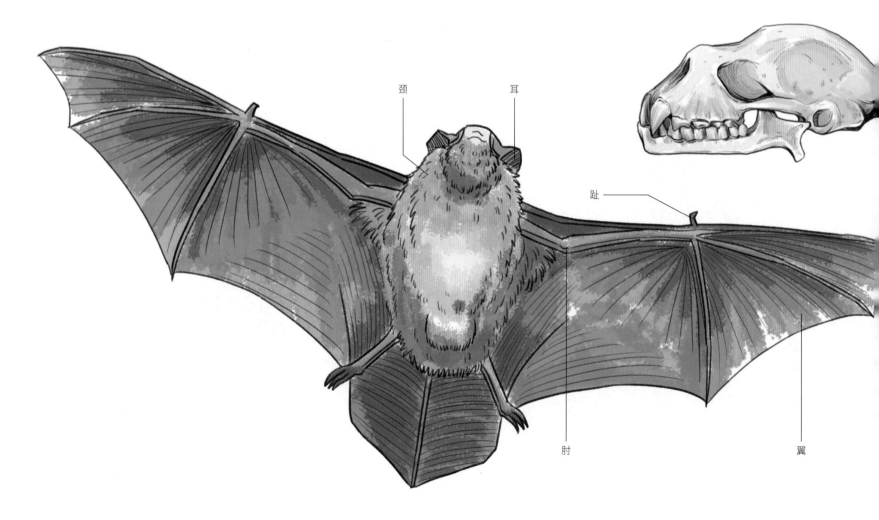

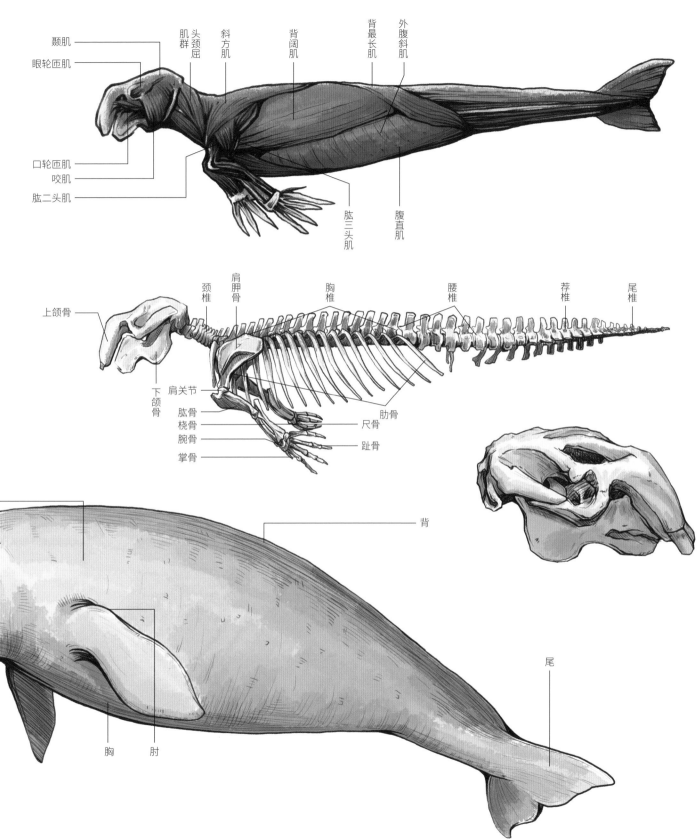

儒艮

gèn

Dugong dugon

科 目 海牛目儒艮科

别 称 人鱼、美人鱼、南海牛

儒艮身体呈纺锤形，全身有稀疏的短细体毛。头部较小，无外耳廓，耳孔位于眼睛后方。吻部突出，上嘴唇似马蹄形。两个呼吸孔并列位于头顶前端，无明显颈部，无背鳍，尾鳍宽大且左右两侧扁平对称。背部主要呈深灰色，腹部则稍淡。

颞肌
眼轮匝肌
肌群
头颈屈
斜方肌
背阔肌
背最长肌
外腹斜肌

口轮匝肌
咬肌
肱二头肌
肱三头肌
腹直肌

上颌骨
颈椎
肩胛骨
胸椎
腰椎
荐椎
尾椎
下颌骨
肩关节
肱骨
桡骨
腕骨
掌骨
尺骨
肋骨
趾骨

肩胛
颈
背
鼻梁
胸
肘
尾

斑海豹

Phoca largha

科 目 鳍脚目海豹科

别 称 海狗

斑海豹整体呈纺锤形，体形肥壮，全身长有细密的短毛，背部呈灰黑色且带有不规则的灰棕色或棕黑色斑点，腹面呈乳白色。

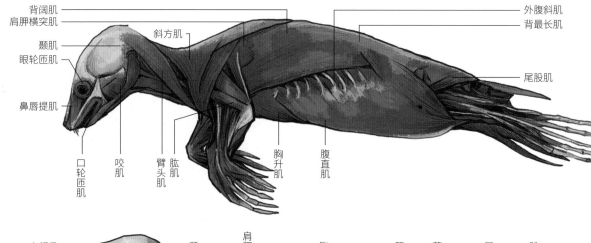

背阔肌
肩胛横突肌
颞肌
眼轮匝肌
鼻唇提肌
口轮匝肌
咬肌
臂头肌
肱肌
胸升肌
腹直肌
斜方肌
外腹斜肌
背最长肌
尾股肌

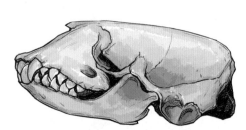

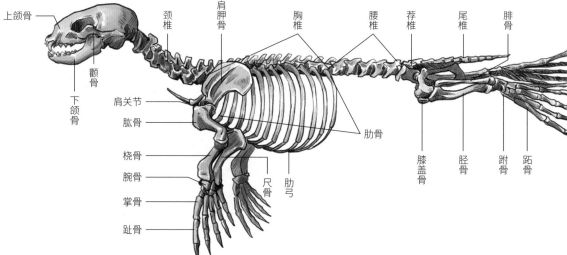

上颌骨
颧骨
下颌骨
颈椎
肩胛骨
肩关节
肱骨
桡骨
腕骨
掌骨
趾骨
尺骨
肋弓
肋骨
胸椎
腰椎
荐椎
尾椎
腓骨
膝盖骨
胫骨
跗骨
跖骨

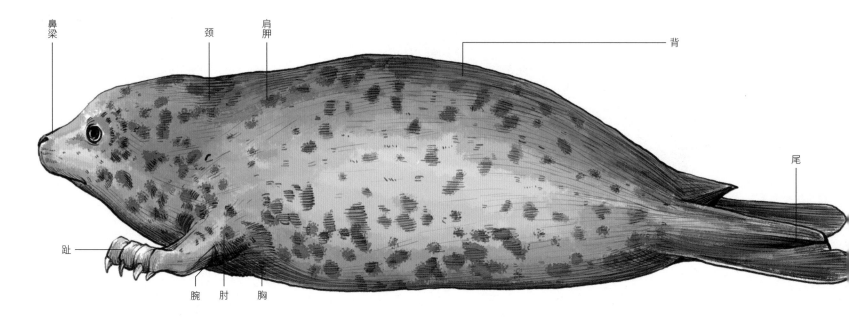

鼻梁
颈
肩胛
背
尾
趾
腕
肘
胸

鸭嘴兽

Ornithorhynchus anatinus

科 目 单孔目鸭嘴兽科

别 称 鸭獭

鸭嘴兽作为未完全进化的哺乳动物，是一种较为原始的哺乳动物，种类极少，鸭嘴兽属中只有鸭嘴兽这一种动物。

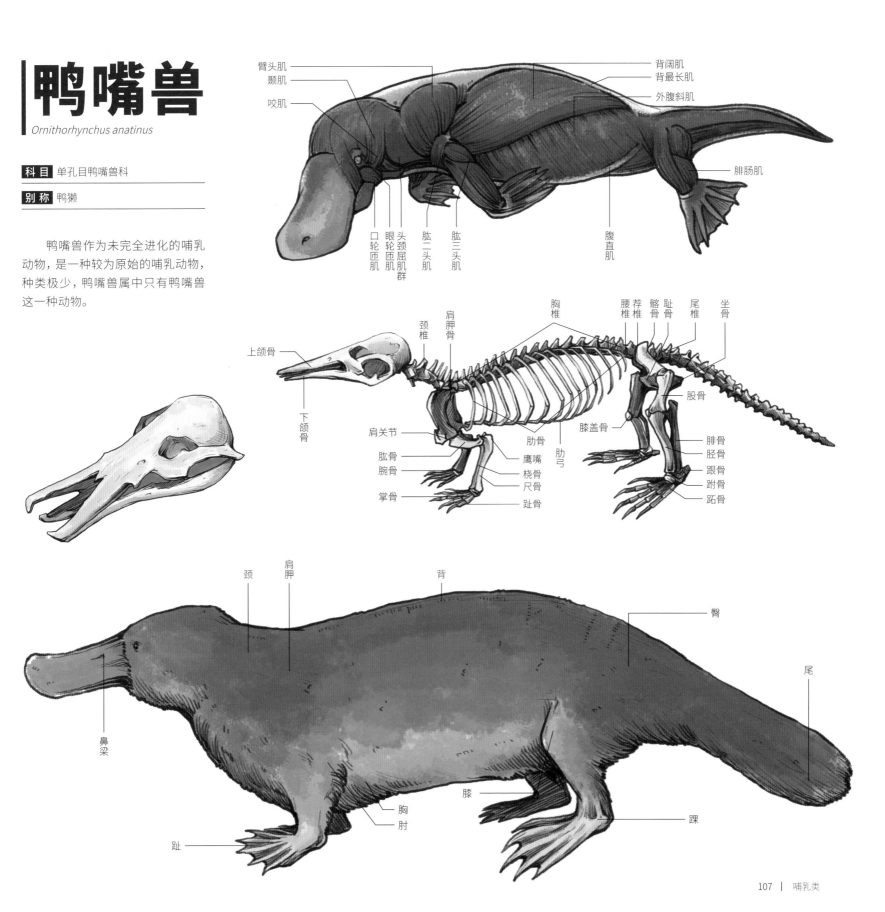

臂头肌
颞肌
咬肌
背阔肌
背最长肌
外腹斜肌
腓肠肌
口轮匝肌
眼轮匝肌
头颈屈肌群
肱二头肌
肱三头肌
腹直肌

上颌骨
下颌骨
颈椎
肩胛骨
胸椎
腰椎
荐椎
髂骨
耻骨
尾椎
坐骨
股骨
膝盖骨
腓骨
胫骨
跟骨
距骨
跖骨
肋骨
肋弓
肩关节
肱骨
腕骨
掌骨
鹰嘴
桡骨
尺骨
趾骨

颈
肩胛
背
臀
尾
鼻梁
胸
肘
膝
踝
趾

红袋鼠

Macropus rufus

科 目 袋鼠目袋鼠科

别 称 红大袋鼠、赤大袋鼠、大赤袋鼠

红袋鼠因体色为红色或红棕色而得名。但雌性体色为蓝灰色，鼻孔两侧有黑色须痕，这是红袋鼠独有的特征。

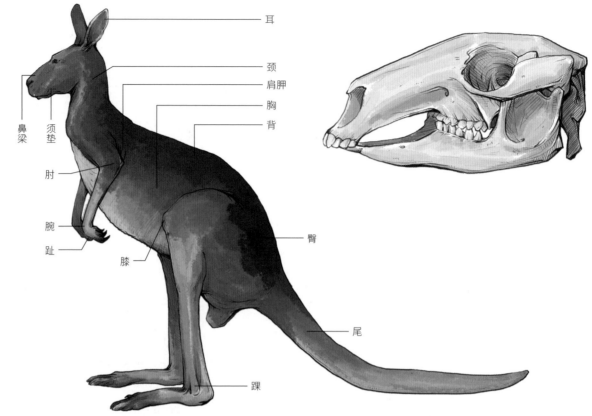

耳
颈
肩胛
胸
背
臀
尾
踝
膝
趾
腕
肘
鼻梁
须垫
鼻

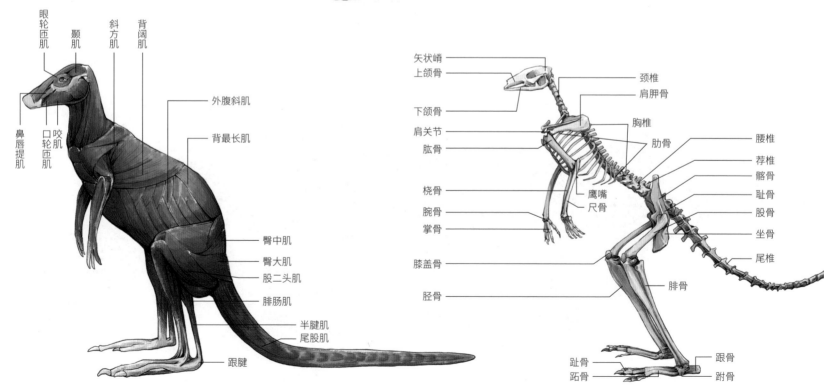

眼轮匝肌
颞肌
斜方肌
背阔肌
外腹斜肌
背最长肌
鼻唇提肌
口轮匝肌
咬肌
臀中肌
臀大肌
股二头肌
腓肠肌
半腱肌
尾股肌
跟腱

矢状嵴
上颌骨
颈椎
肩胛骨
下颌骨
胸椎
肩关节
肱骨
肋骨
腰椎
桡骨
荐椎
髂骨
腕骨
鹰嘴
尺骨
耻骨
掌骨
股骨
坐骨
尾椎
膝盖骨
腓骨
胫骨
趾骨
跟骨
跖骨
跗骨

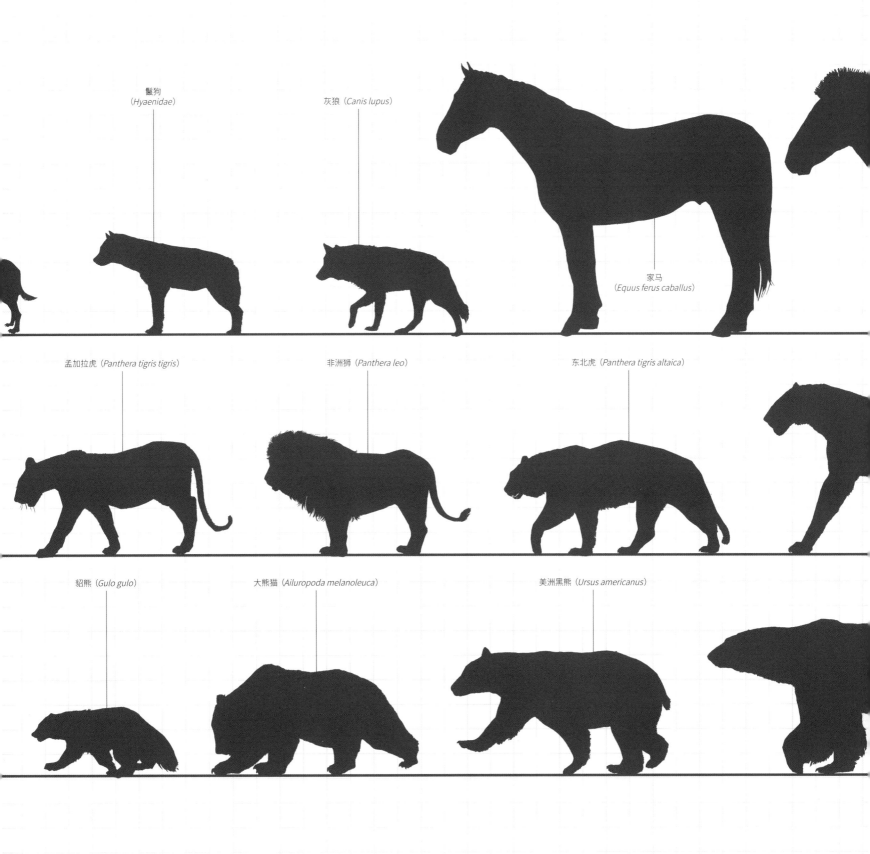

鬣狗
（Hyaenidae）

灰狼（Canis lupus）

家马
（Equus ferus caballus）

孟加拉虎（Panthera tigris tigris）

非洲狮（Panthera leo）

东北虎（Panthera tigris altaica）

貂熊（Gulo gulo）

大熊猫（Ailuropoda melanoleuca）

美洲黑熊（Ursus americanus）

鸭嘴兽（*Ornithorhynchus anatinus*）

大食蚁兽（*Myrmecophaga tridactyla*）

红袋鼠（*Macropus rufus*）

单峰驼
（*Camelus dromedarius*）

亚洲貘（*Tapirus indicus*）

白尾鹿（*Odocoileus virginianus*）

黄牛（*Bos taurus*）

长颈鹿
（*Giraffa camelopardalis*）

黑猩猩（*Pan troglodytes*）

大猩猩（*Gorilla*）

山西兽（*Shansitherium*）

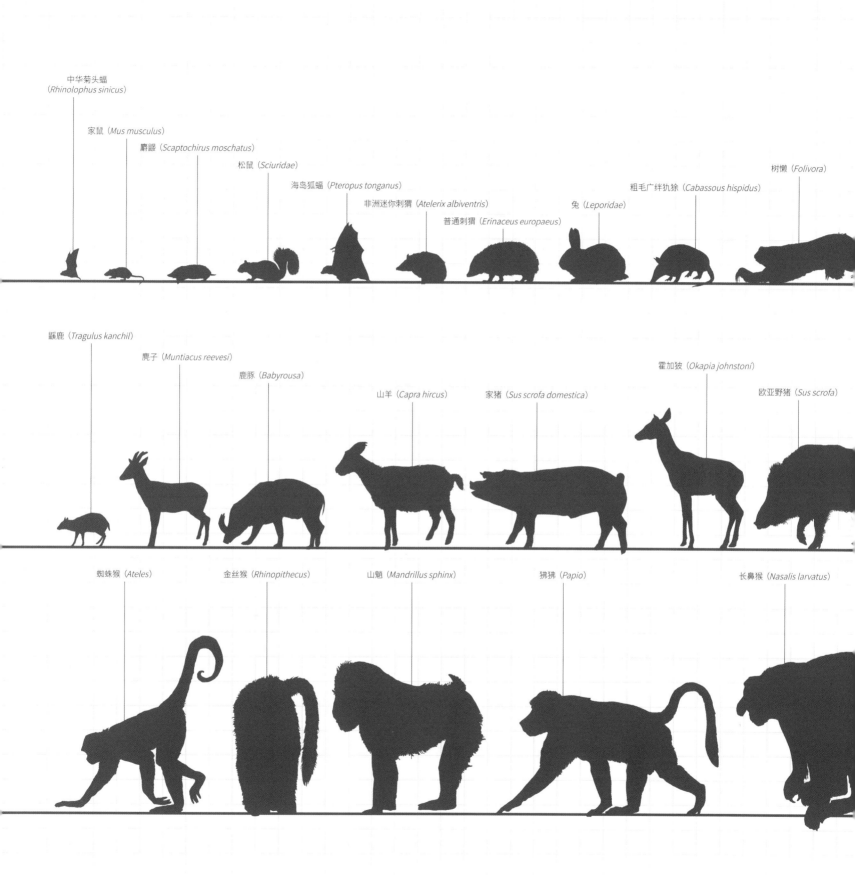

中华菊头蝠 (*Rhinolophus sinicus*)

家鼠 (*Mus musculus*)

麝鼹 (*Scaptochirus moschatus*)

松鼠 (*Sciuridae*)

海岛狐蝠 (*Pteropus tonganus*)

非洲迷你刺猬 (*Atelerix albiventris*)

普通刺猬 (*Erinaceus europaeus*)

兔 (*Leporidae*)

粗毛广绊犰狳 (*Cabassous hispidus*)

树懒 (*Folivora*)

鼷鹿 (*Tragulus kanchil*)

麂子 (*Muntiacus reevesi*)

鹿豚 (*Babyrousa*)

山羊 (*Capra hircus*)

家猪 (*Sus scrofa domestica*)

霍加狓 (*Okapia johnstoni*)

欧亚野猪 (*Sus scrofa*)

蜘蛛猴 (*Ateles*)

金丝猴 (*Rhinopithecus*)

山魈 (*Mandrillus sphinx*)

狒狒 (*Papio*)

长鼻猴 (*Nasalis larvatus*)

斑马
(*Equus quagga*)

白犀
(*Ceratotherium simum*)

剑齿虎 (*Machairodus*)

北极熊 (*Ursus maritimus*)

亚洲象
(*Elephas maximus linnaeus*)

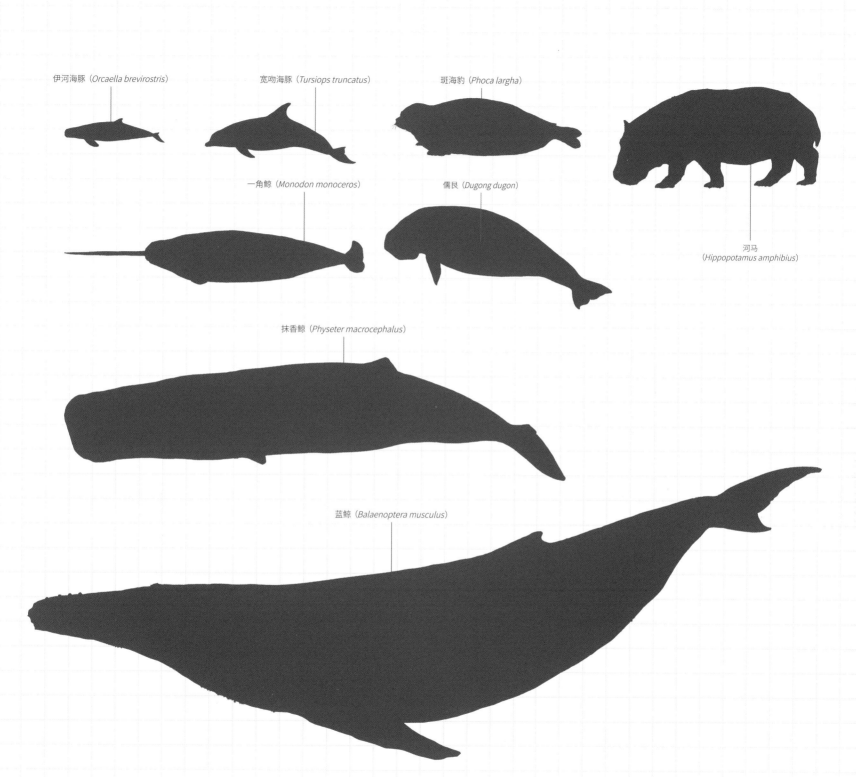

伊河海豚（*Orcaella brevirostris*）

宽吻海豚（*Tursiops truncatus*）

斑海豹（*Phoca largha*）

一角鲸（*Monodon monoceros*）

儒艮（*Dugong dugon*）

河马
（*Hippopotamus amphibius*）

抹香鲸（*Physeter macrocephalus*）

蓝鲸（*Balaenoptera musculus*）

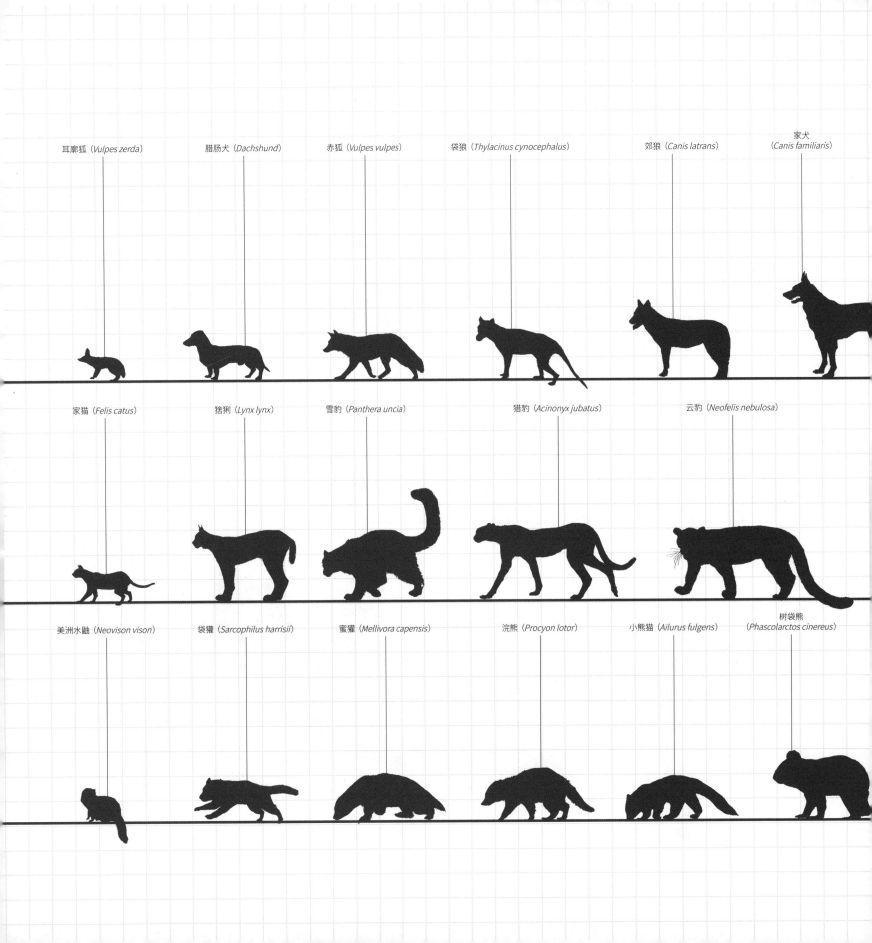

耳廓狐（*Vulpes zerda*）　腊肠犬（*Dachshund*）　赤狐（*Vulpes vulpes*）　袋狼（*Thylacinus cynocephalus*）　郊狼（*Canis latrans*）　家犬（*Canis familiaris*）

家猫（*Felis catus*）　猞猁（*Lynx lynx*）　雪豹（*Panthera uncia*）　猎豹（*Acinonyx jubatus*）　云豹（*Neofelis nebulosa*）

美洲水鼬（*Neovison vison*）　袋獾（*Sarcophilus harrisii*）　蜜獾（*Mellivora capensis*）　浣熊（*Procyon lotor*）　小熊猫（*Ailurus fulgens*）　树袋熊（*Phascolarctos cinereus*）

鸟类

家鸭

科目 雁形目鸭科
别称 无

Anas platyrhynchos domesticus

家鸭是经过人工驯化和饲养的鸭，属于家禽的一种。其体形中等偏大，身体呈流线形，整体圆润而饱满，羽色以白色为主，也有其他颜色，如灰色、黑色、棕色等。

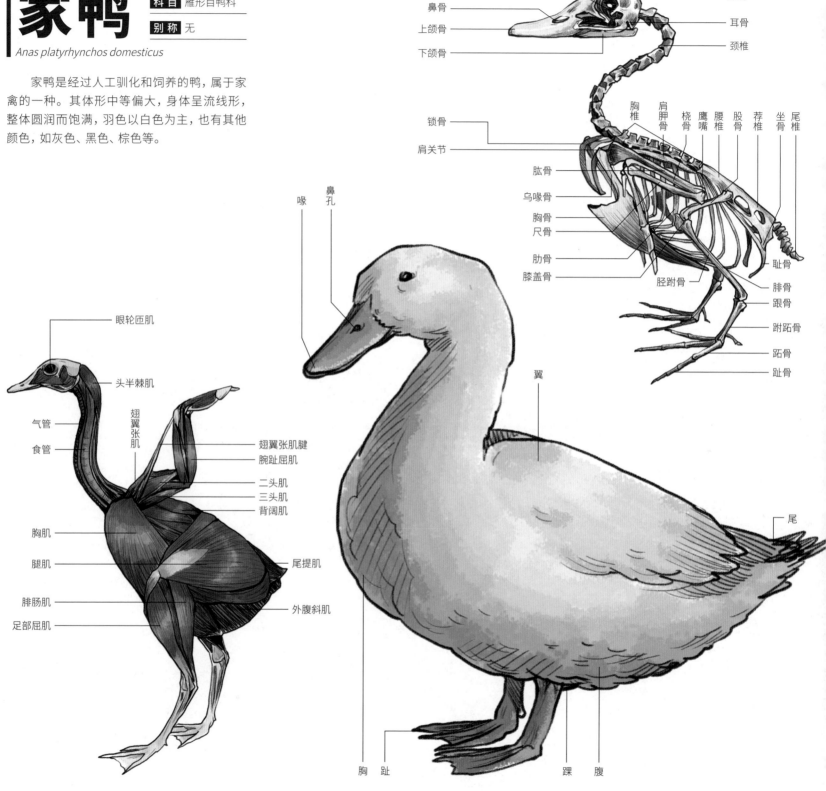

颧骨
鼻骨
上颌骨
下颌骨

颅骨
耳骨
颈椎

锁骨
肩关节

胸椎
肩胛骨
桡骨
鹰嘴
腰椎
股骨
荐椎
坐骨
尾椎

肱骨
乌喙骨
胸骨
尺骨
肋骨
膝盖骨
胫跗骨

耻骨
腓骨
跟骨
跗跖骨
跖骨
趾骨

眼轮匝肌
头半棘肌

气管
食管

翅翼张肌

喙
鼻孔

翅翼张肌腱
腕趾屈肌
二头肌
三头肌
背阔肌

胸肌
腿肌

腓肠肌
足部屈肌

尾提肌

外腹斜肌

翼

尾

胸   趾

踝   腹

绿头鸭

Anas platyrhynchos

科 目 雁形目鸭科

别 称 大绿头、官鸭

绿头鸭雄鸟头呈绿色，喙呈黄绿色，有一白色领环；雌鸭的喙呈橙色，全身褐色，有暗褐色斑纹。

绿头鸭是一种野生鸟，属于鸭科动物与家鸭外形大小相似，因此肌肉与骨骼可以参考家鸭。

家鹅

Anser cygnoides orientalis

科目 雁形目鸭科

别称 无

家鹅是一种常见的家禽，其体形相对偏大，胸部较宽，背部略微隆起，羽毛短宽且密集，羽色以白色为主。

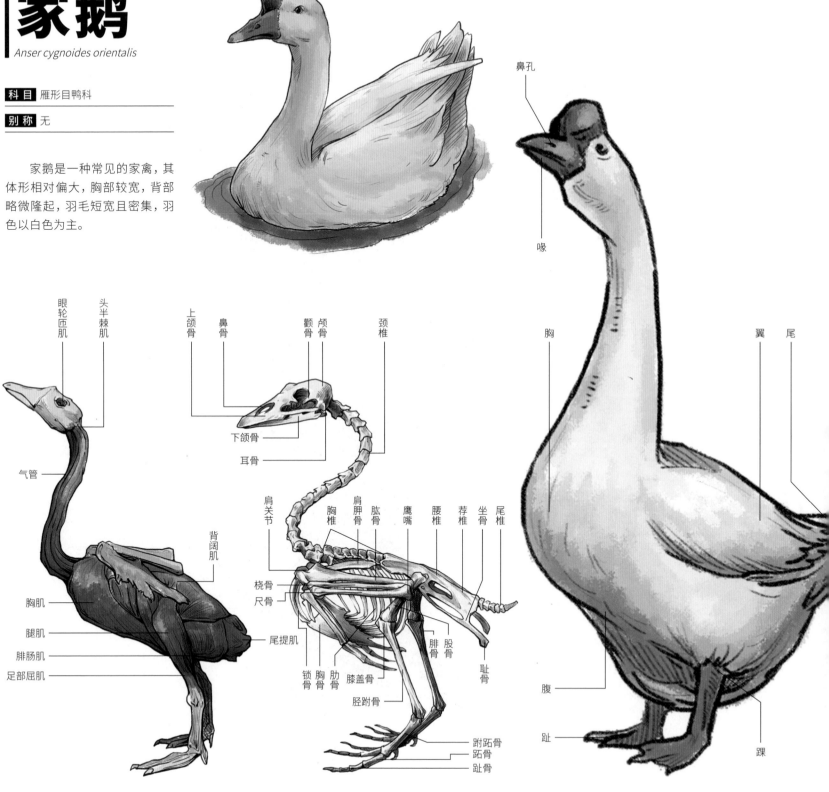

鼻孔

喙

胸

翼　尾

腹

趾

踝

眼轮匝肌　头半棘肌

气管

背阔肌

胸肌

腿肌

腓肠肌

足部屈肌

上颌骨　鼻骨　颧骨　颅骨　颈椎

下颌骨

耳骨

肩关节　肩胛骨　肱骨　鹰嘴　腰椎　荐椎　坐骨　尾椎

桡骨

尺骨

尾提肌

腓骨　股骨

锁骨　胸骨　肋骨　膝盖骨　耻骨

胫跗骨

跗跖骨

跖骨

趾骨

鸿雁

Anser cygnoides

科 目 雁形目鸭科

别 称 原鹅、黑背雁

　　鸿雁羽毛呈褐色，喙上方有一块肉质隆起。人工培育的品种分为褐色羽和白色羽，头部隆起更大。

　　由于鸿雁与家鹅的体形和体态相似，因此肌肉与骨骼可以参考家鹅。

大天鹅

Cygnus cygnus

科 目 雁形目鸭科

别 称 咳声天鹅、黄嘴天鹅

　　大天鹅属于大型水禽，喙端呈黑色，前喙基部呈黄色，颈部细长，体态丰盈。

　　大天鹅的肌肉和骨骼与家鸭较为相似，因此这里仅做外形展示。

鸳鸯

Aix galericulata

科 目 雁形目鸭科

别 称 中国官鸭、匹鸟、邓木鸟

鸳鸯经常出现在中国古代文学作品中，象征美好的爱情。其中雄鸟为鸳，颜色较艳，雌鸟为鸯。

虽然鸳鸯羽毛和其他鸭科差别很大，但是肌肉结构与家鸭类似，因此这里仅做外形和骨骼展示。

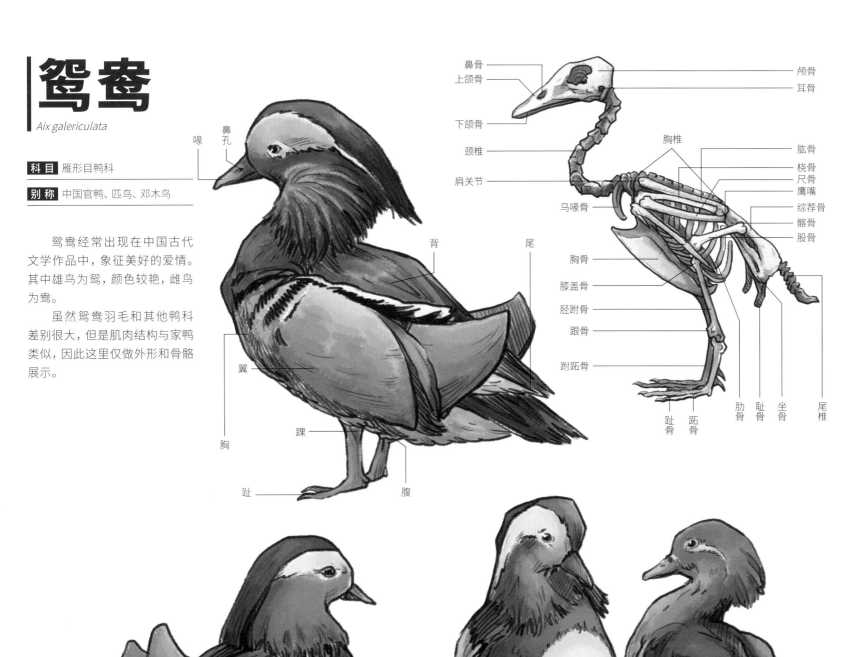

喙　鼻孔　背　尾　翼　胸　趾　踝　腹

鼻骨　上颌骨　下颌骨　颈椎　肩关节　乌喙骨　胸椎　颅骨　耳骨　肱骨　桡骨　尺骨　鹰嘴　综荐骨　髂骨　股骨　胸骨　膝盖骨　胫跗骨　跟骨　跗跖骨　趾骨　跖骨　肋骨　耻骨　坐骨　尾椎

家鸡

Gallus gallus domesticus

科目 鸡形目雉科

别称 无

家鸡由原鸡经过长期驯化而来，其保留了部分鸟类的生物学特性，如听觉灵敏、白天视觉敏锐、习惯四处觅食等。

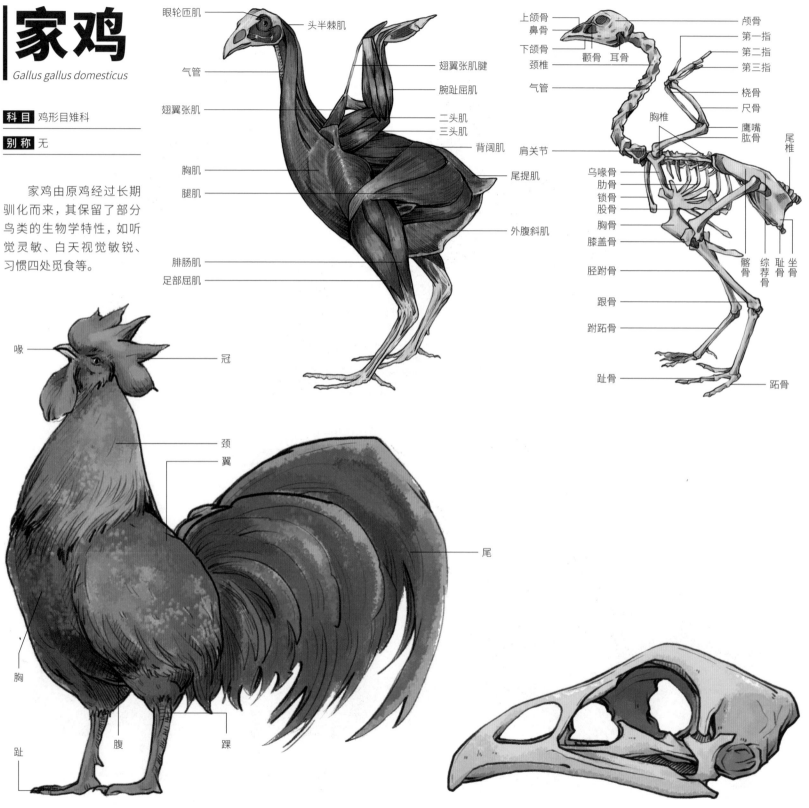

眼轮匝肌
头半棘肌
气管
翅翼张肌腱
翅翼张肌
腕趾屈肌
二头肌
三头肌
胸肌
背阔肌
腿肌
尾提肌
外腹斜肌
腓肠肌
足部屈肌

上颌骨
鼻骨
下颌骨
颧骨 耳骨
颈椎
气管
胸椎
乌喙骨
肋骨
锁骨
股骨
胸骨
膝盖骨
胫跗骨
跟骨
跗跖骨
趾骨
颅骨
第一指
第二指
第三指
桡骨
尺骨
鹰嘴
肱骨
尾椎
肩关节
髂骨
综荐骨
耻骨
坐骨
跖骨

喙
冠
颈
翼
尾
胸
腹
踝
趾

家鸡源于野生的原鸡，是一种至少有4000年历史的家禽，但是直到1800年前后，鸡肉才成为被大量生产的商品。

» 斗鸡

» 公鸡

» 原鸡

» 日本长尾鸡

» 母鸡

» 梵天鸡

» 育雏

蓝孔雀

Pavo cristatus

科 目 鸡形目雉科

别 称 印度孔雀

　　蓝孔雀中，雄鸟具有直立的枕冠，眼睛上方和下方各有一条白色斑纹，头顶、颈部和胸部均呈蓝色，羽色华丽，尾上覆羽特别长，长度远超尾羽。

颧骨
鼻骨
上颌骨
下颌骨
颅骨
耳骨
颈椎
胸椎
肩关节
肩胛骨
腰椎
荐椎
坐骨
桡骨
尺骨
胸骨
肋骨
股骨
鹰嘴
尾椎
腓骨
胫跗骨
跟骨
跗跖骨
跖骨
趾骨

鼻孔
喙
翼
尾
胸
腹
踝
趾

下图所示的动物中，除了珠鸡属于珠鸡科动物，其他均属于雉科动物。雉科动物作为鸡形目中较大的一科，共有4族、44属、168种。其主要特点是嘴粗短而强，上嘴先端略微向下弯曲，但没有钩。头顶常具有羽冠或肉冠，翅短且圆，尾长短不一。

» 鹌鹑（*Coturnix japonica*）

» 珠鸡（*Numididae*）

» 火鸡（*Meleagris gallopavo*）

» 蓝马鸡（*Crossoptilon auritum*）

» 白鹇（*Lophura nycthemera*）

翼

尾

鼻孔

喙

胸

上颌骨

颅骨

鼻骨

下颌骨

耳骨

颈椎

胸椎

桡骨

鹰嘴

股骨

综荐骨

髂骨

尾椎

尺骨

胸骨

肋骨

坐骨

胫跗骨

耻骨

跟骨

跗跖骨

跖骨

趾骨

麝雉

shè zhì

Opisthocomus hoazin

科 目 麝雉目麝雉科

别 称 爪羽鸡

麝雉脸部呈蓝色，头上长有长短不一的羽冠，背部的棕色羽毛带有白色条纹，尾羽和后腹部的羽毛呈土红色，而前胸则呈奶黄色。

头半棘肌

翅翼张肌

腕趾屈肌

翅翼张肌腱

二头肌

三头肌

背阔肌

眼轮匝肌

气管

胸肌

腿肌

尾提肌

腓肠肌

足部屈肌

外腹斜肌

胸

鼻孔

喙

初级飞羽

次级飞羽

踝

腹

趾

尾

鼻骨

上颌骨

颅骨

耳骨

下颌骨

颈椎

桡骨

尺骨

肱骨

鹰嘴

综荐椎

膝盖骨

胸骨

指

髂骨

股骨

胫跗骨

肋骨

跖骨

跗跖骨

跟骨

耻骨

坐骨

尾椎

趾骨

金刚鹦鹉

Psittacidae

科目 鹦形目鹦鹉科

别称 无

金刚鹦鹉共有6属17个物种，是一种色彩艳丽的大型鹦鹉。鹦鹉科的鹦鹉尾巴都很长，具有镰刀状的大喙，面部无羽毛，但有的会布满条纹，兴奋时面部可变为红色。

虎皮鹦鹉

Melopsittacus undulatus

科 目 鹦形目鹦鹉科

别 称 娇凤、彩凤

　　虎皮鹦鹉羽色艳丽，性格活泼，易于驯养。前额和脸部呈黄色，颊部带有紫蓝色斑点，头羽和背部一般呈黄色且带有黑色条纹，因为毛色形成的条纹看起来像虎皮一样，所以被称为"虎皮鹦鹉"。

鼻孔

喙

胸

腹

趾

尾

背

上颌骨

颅骨

耳骨

颈椎

桡骨

鹰嘴

尺骨

鼻骨

下颌骨

胸椎

膝盖骨

胸骨

胫跗骨

跗骨

股骨

综荐骨

尾椎

耻骨

跗跖骨

趾骨

肋骨

凤头鹦鹉

Cacatuidae

科目 鹦形目凤头鹦鹉科

别称 无

凤头鹦鹉与其他鹦鹉有许多共同特点，不同之处在于其有能够收展的头冠，羽毛中缺少能使表面呈现虹彩的物理结构。

凤头鹦鹉的骨骼与金刚鹦鹉的较为相似，因此这里仅做外形展示。

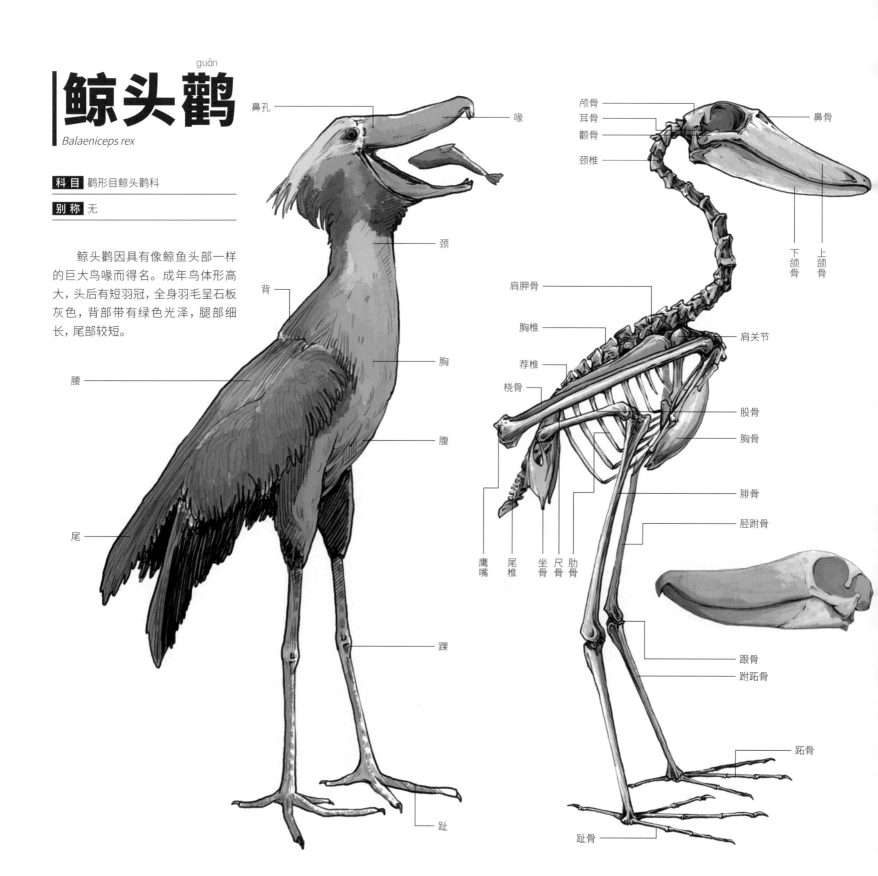

鲸头鹳

guàn

Balaeniceps rex

科 目 鹳形目鲸头鹳科

别 称 无

　　鲸头鹳因具有像鲸鱼头部一样的巨大鸟喙而得名。成年鸟体形高大，头后有短羽冠，全身羽毛呈石板灰色，背部带有绿色光泽，腿部细长，尾部较短。

鼻孔

喙

颈

背

胸

腰

腹

尾

踝

趾

颅骨

耳骨

颧骨

颈椎

鼻骨

下颌骨

上颌骨

肩胛骨

胸椎

荐椎

桡骨

肩关节

股骨

胸骨

腓骨

胫跗骨

鹰嘴

尾椎

坐骨

尺骨

肋骨

跟骨

跗跖骨

跖骨

趾骨

白鹈鹕

tí hú

Pelecanus onocrotalus

科目 鹈形目鹈鹕科

别称 犁鹕、淘河、塘鹅、鹈鹕

　　白鹈鹕通体几乎全白，嘴部下方有一橙色皮囊，脸颊带有粉黄色的斑块，颈部细长，体形粗短肥壮，初级飞羽和次级飞羽内翈呈黑褐色，脚部呈肉色。

颅骨
上颌骨
下颌骨
颈椎
桡骨
尺骨
鹰嘴
肱骨
综荐骨
股骨
膝盖骨
尾椎
肋骨
胫跗骨
跟骨
肩关节
锁骨
乌喙骨
胸骨
跗跖骨
趾骨
跖骨

鼻孔
喙
翼
背
胸
尾
腹
踝
趾

背　颈　鼻孔

喙

初级飞羽　次级飞羽　胸

腹

尾

踝

趾

普通
lú cí
鸬鹚

Phalacrocorax carbo

科 目 鹈形目鸬鹚科

别 称 黑鱼郎、水老鸦、鱼鹰

　　普通鸬鹚的喙基和喉囊呈橙黄色，眼后下方呈白色，通体黑色，头颈具有紫绿色光泽，两肩和双翅具有青铜色光泽。

颅骨　颈椎

上颌骨　下颌骨　耳骨　锁骨

桡骨　股骨　尺骨　鹰嘴　胸椎　综荐骨　髂骨　尾椎

乌喙骨

胸骨
膝盖骨
肋骨
胫跗骨
坐骨

耻骨

趾骨
跖骨

跗跖骨　跟骨

喙

翼

颈

尾

腹

胸

踝

趾

丹顶鹤

Grus japonensis

科 目 鹤形目鹤科

别 称 仙鹤、红冠鹤

　　丹顶鹤喙尖如锥，体羽白色，头顶富有鲜红色小绒毛，眼部到下颈之间的部位与尾部羽毛呈黑色，特征相对比较明显。

颅骨

耳骨

颈椎

上颌骨

下颌骨

胸椎

桡骨

肩关节

肱骨

髂骨

尺骨

股骨

胸骨

膝盖骨

尾椎

坐骨

耻骨

鹰嘴

肋骨

胫跗骨

跟骨

跗跖骨

跖骨

火烈鸟

Phoenicopteridae

科 目 红鹳目红鹳科

别 称 红鹳、红鹤

　　火烈鸟因为体形大小与鹤差不多，所以也被称为"红鹳"。火烈鸟喙的形态如同拐杖的把手，体羽呈玫瑰金色，飞羽呈黑色，覆羽呈艳丽的红色。

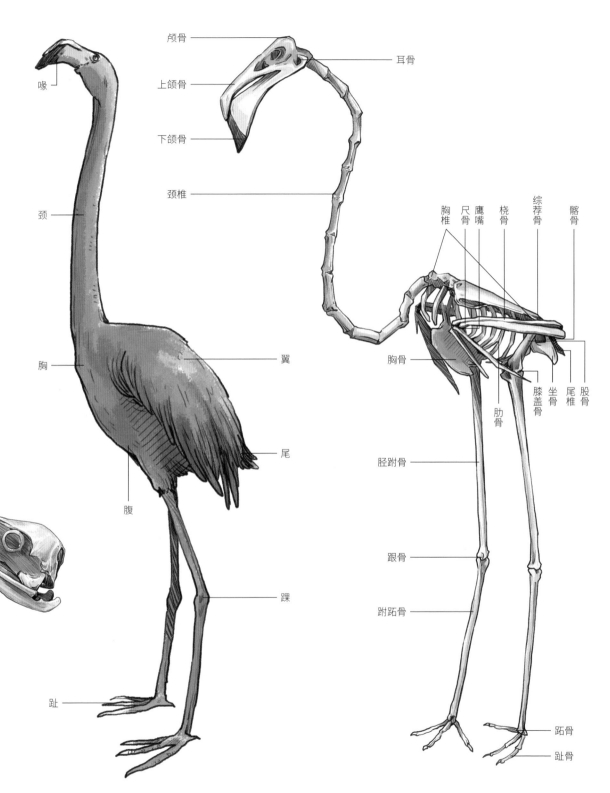

颅骨

耳骨

上颌骨

下颌骨

喙

颈椎

颈

胸椎 尺骨 鹰嘴 桡骨 综荐骨 髂骨

翼

胸

胸骨

肋骨

膝盖骨 坐骨 尾椎 股骨

腹

尾

胫跗骨

踝

跟骨

趾

跗跖骨

蹠骨

趾骨

蛇鹫

jiù

Sagittarius serpentarius

科 目 鹰形目蛇鹫科

别 称 鹫（jiù）鹰、食蛇鹫

　　蛇鹫体形似鹤，体羽呈浅灰色，大腿和飞羽呈黑色，飞羽带有白色羽纹，尾部长有一对较长的中央饰羽。蛇鹫常捕食蛇类，它腿部较长且长有厚鳞来保护自身，以免被蛇咬伤。

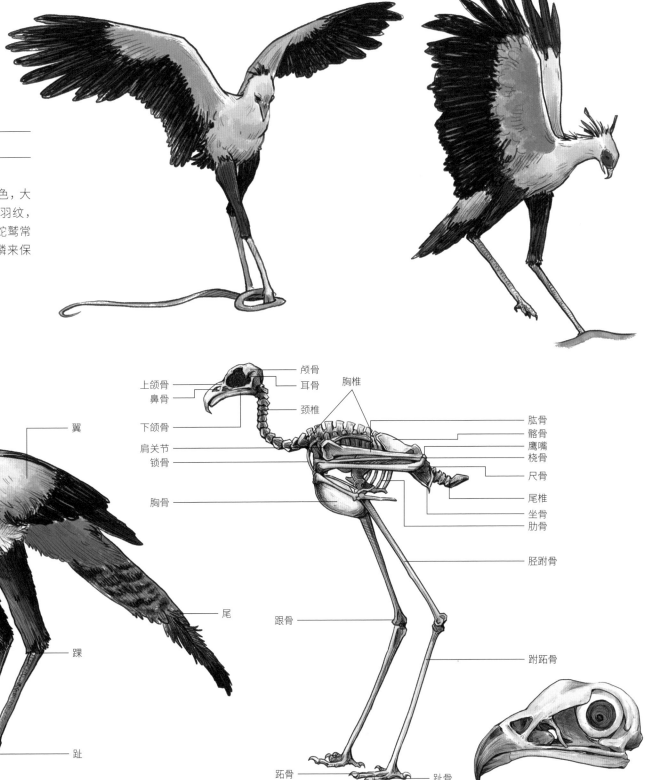

鼻孔
喙
翼
胸
腹
尾
踝
趾

颅骨
上颌骨
鼻骨
耳骨
胸椎
下颌骨
颈椎
肩关节
锁骨
肱骨
髂骨
鹰嘴
桡骨
尺骨
尾椎
坐骨
肋骨
胸骨
胫跗骨
跗跖骨
跟骨
跖骨
趾骨

美洲角雕

Harpia harpyja

科 目 隼形目鹰科

别 称 角雕、哈佩角雕

　　美洲角雕体形较大，头部有鲜明的顶冠，头部与颈部均呈淡灰色，上体羽毛呈灰黑色，腹部呈白色，鸟喙坚硬锋利，宽且圆的翅膀可伸展超过两米，腿部羽毛一直覆盖到接近脚爪的部位，爪部强健。

腕尺屈肌
翅翼张肌
鹰嘴
头颈屈肌群
背阔肌
胸肌
尾提肌
腹直肌
腓肠肌

颅骨
耳骨
上颌骨
鼻骨
颈椎
下颌骨
肩关节
肱骨
胸椎
桡骨
综荐骨
股骨
锁骨
乌喙骨
胸骨
膝盖骨
胫跗骨
肋骨
尾尺椎骨
鹰嘴
跟骨
跗跖骨
跖骨
趾骨

鼻孔
冠
喙
颈
胸
腹
踝
尾
趾

初级飞羽

鼻孔

喙

次级飞羽

胸

尾

趾

跗

鼻骨
上颌骨
颅骨
耳骨
下颌骨
颈椎
胸椎
肋骨
鹰嘴
桡骨
尺骨
股骨
肩关节
乌喙骨
锁骨
胸骨
膝盖骨
尾椎
趾骨
跖骨
耻骨
胫跗骨
跟骨
跗跖骨

sǔn

游隼

Falco peregrinus

科 目 隼形目隼科

别 称 花梨鹰、鸽虎、鸭虎、青燕

　　游隼喙呈黄色，腹部具有黑色条纹，眼睛明亮锐利。其尖锐的爪子善于捕捉小型啮齿目动物，同时也能捕杀其他小型鸟类。

雕鸮
xiāo

Bubo bubo

科目 鸮形目鸱鸮科

别称 鹫兔、角鸱、雕枭、鹫鱼鸮

　　雕鸮面盘显著，呈淡棕黄色，喙呈钩状且锋利，脚强健有力，通常长满羽毛，爪大而锐。耳孔周缘有明显的耳状簇羽，有助于夜间分辨声响与夜间定位，胸部体羽多具显著花纹。

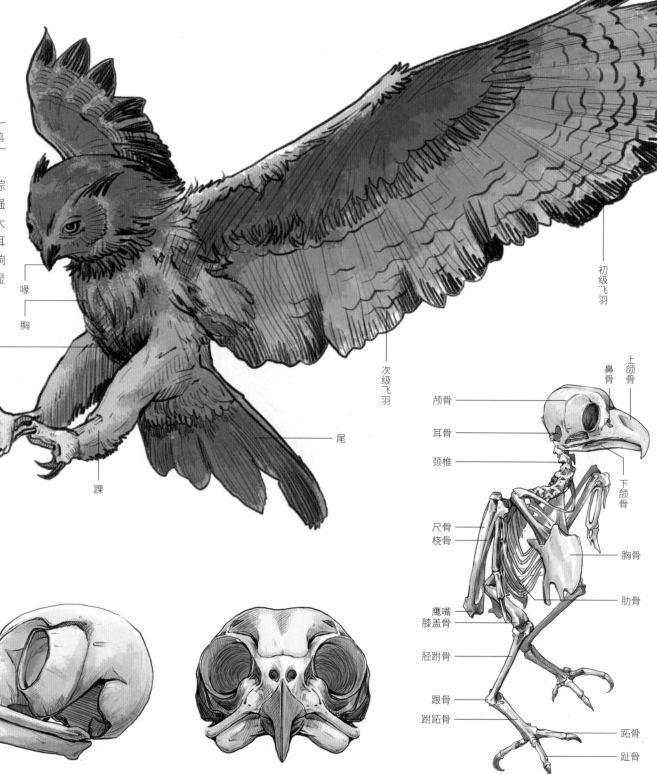

喙

胸

腹

趾

踝

尾

初级飞羽

次级飞羽

颅骨
耳骨
颈椎
尺骨
桡骨
鹰嘴
膝盖骨
胫跗骨
跟骨
跗跖骨

鼻骨
上颌骨

下颌骨

胸骨

肋骨

跖骨
趾骨

普通翠鸟

Alcedo atthis

科 目 佛法僧目翠鸟科

别 称 钓鱼翁、蓝翡翠

普通翠鸟体形较小，飞行速度极快，主要以鱼类为食，体表覆蓝色或绿色羽毛。

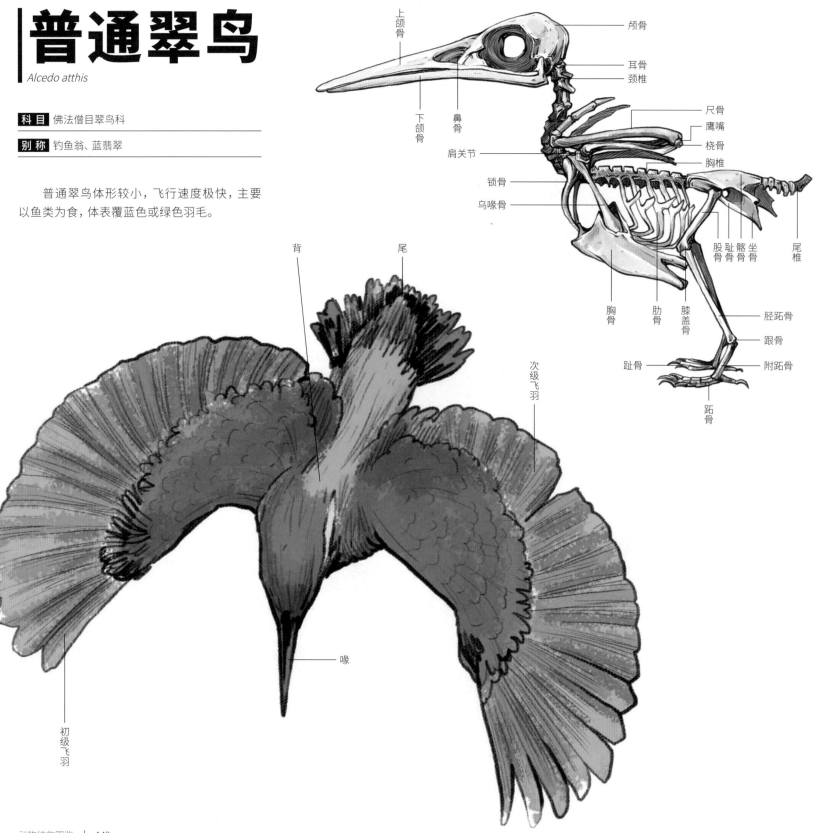

颅骨
耳骨
颈椎
上颌骨
下颌骨
鼻骨
肩关节
锁骨
乌喙骨
尺骨
鹰嘴
桡骨
胸椎
股骨
趾骨
髂骨
坐骨
尾椎
胸骨
肋骨
膝盖骨
胫跗骨
跟骨
趾骨
跖骨
附跖骨

背
尾
次级飞羽
初级飞羽
喙

笑翠鸟

Dacelo novaeguineae

科目 佛法僧目翠鸟科

别称 白化蓝翠鸟

　　笑翠鸟因其鸣叫声音听起来像狂笑而得名。笑翠鸟脸颊带有棕色斑块，喙大而有力，腹部灰白相间，尾羽很长、棕黑相间。

　　笑翠鸟的骨骼与普通翠鸟的较为相似，因此这里仅做外形展示。

蓝翠鸟

Ceyx azureus

科 目 佛法僧目翠鸟科

别 称 无

　　蓝翠鸟因头部和背部有蓝色羽毛而得名。其体羽艳丽且具有光泽，胸腹部的颜色为明亮的橘红色或红棕色，后颈和喉部有白斑。

　　蓝翠鸟的骨骼与普通翠鸟的较为相似，因此这里仅做外形展示。

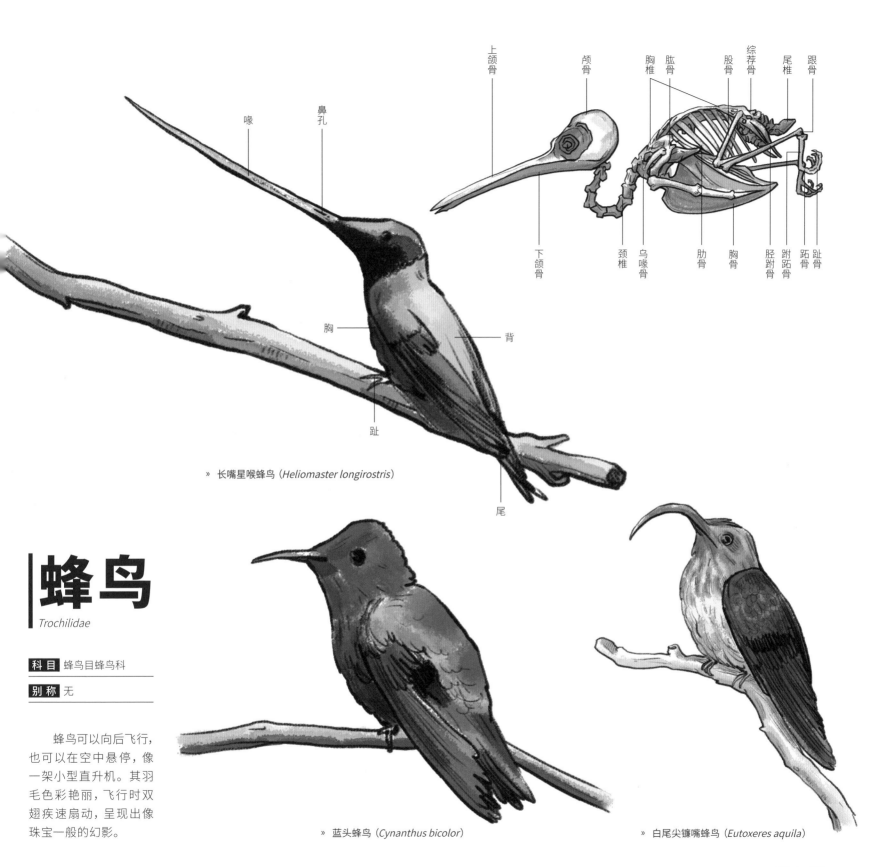

喙　鼻孔

上颌骨　颅骨　胸椎　肱骨　股骨　综荐骨　尾椎　跟骨

下颌骨　颈椎　乌喙骨　肋骨　胸骨　胫跗骨　跗跖骨　跖骨　趾骨

胸　背

趾

尾

» 长嘴星喉蜂鸟（Heliomaster longirostris）

蜂鸟
Trochilidae

科 目 蜂鸟目蜂鸟科

别 称 无

　　蜂鸟可以向后飞行，也可以在空中悬停，像一架小型直升机。其羽毛色彩艳丽，飞行时双翅疾速扇动，呈现出像珠宝一般的幻影。

» 蓝头蜂鸟（Cynanthus bicolor）

» 白尾尖镰嘴蜂鸟（Eutoxeres aquila）

非洲鸵鸟

Struthio camelus

科目 鸵鸟目鸵鸟科

别称 鸵鸟

　　非洲鸵鸟羽毛有黑白两色，头部和颈部呈红色，后肢粗壮有力，适于奔走。

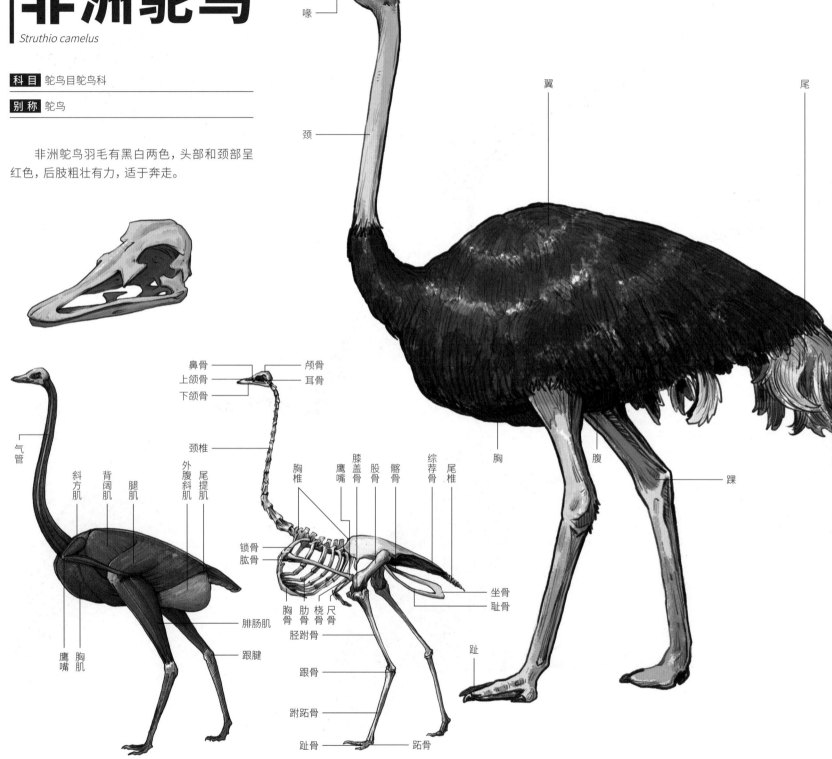

鼻孔
喙
颈
翼
尾
胸
腹
踝

鼻骨
上颌骨
下颌骨
颅骨
耳骨

气管
颈椎
胸椎
膝盖骨
鹰嘴
股骨
髂骨
综荐骨
尾椎

斜方肌
背阔肌
腿肌
外腹斜肌
尾提肌

锁骨
肱骨
坐骨
耻骨

胸骨
肋骨
桡骨
尺骨

腓肠肌

鹰嘴
胸肌
跟腱

胫跗骨
跗跖骨
趾骨
跖骨

趾

鹤鸵

Casuarius spp.

科目 鹤鸵目鹤鸵科

别称 食火鸡

鹤鸵中雄性头部具有黑色角质盔，它属于头骨的一部分。鹤鸵虽然不会猎捕哺乳动物，但有时会对人表现出极强的攻击性。

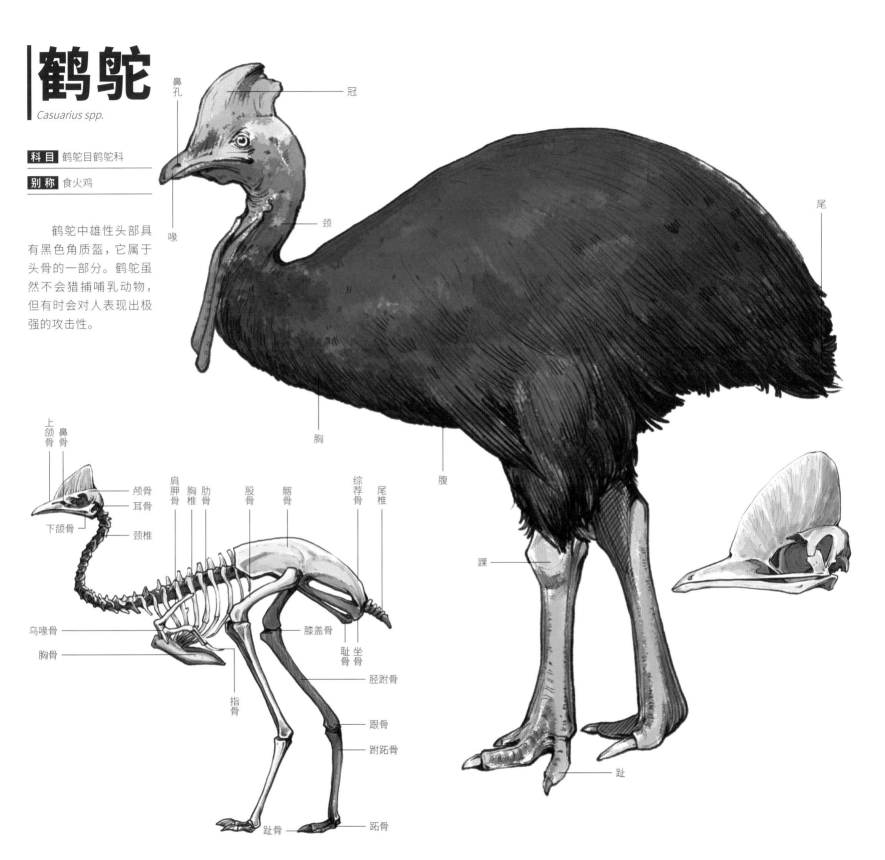

鼻孔

冠

喙

颈

尾

胸

腹

踝

趾

上颌骨

鼻骨

颅骨

耳骨

下颌骨

颈椎

乌喙骨

胸骨

肩胛骨

胸椎

肋骨

股骨

髂骨

综荐骨

尾椎

膝盖骨

耻骨

坐骨

胫跗骨

跟骨

跗跖骨

距骨

指骨

趾骨

古颚总目是鸟纲、今鸟亚纲的一个总目，又名平胸总目。这个总目下包括7个目：鸵鸟目、美洲鸵鸟目、鹤鸵目、无翼鸟目、鹋形目、隆鸟目、恐鸟目。这些鸟类都是仅适应地面行走的走禽，并不具有飞行能力。这些鸟类主要为大型鸟类，主要分布于南半球，如非洲鸵鸟、鹤鸵。

» 红翅鹋
(*Rhynchotus rufescens*)

» 非洲鸵鸟
(*Struthio camelus*)

» 鹋鹋
(*Dromaius novaehollandiae*)

» 几维鸟
(*Apterygidae*)

» 鹤鸵
(*Casuarius spp.*)

» 大美洲鸵
(*Rhea americana*)

蜂鸟（Trochilidae）

蓝翠鸟（Ceyx azureus）

笑翠鸟
（Dacelo novaeguineae）

虎皮鹦鹉（Melopsittacus undulatus）

凤头鹦鹉（Cacatuidae）

金刚鹦鹉（Psittacidae）

游隼（Falco peregrinus）

雕鸮（Bubo bubo）

普通鸬鹚（Phalacrocorax carbo）

鸳鸯（Aix galericulata）

蛇鹫（Sagittarius serpentarius）

家鸭（Anas platyrhynchos domesticus）

鲸头鹳（Balaeniceps rex）

美洲角雕（Harpia harpyja）

绿头鸭（Anas platyrhynchos）

家鸡（Gallus gallus domesticus）

麝雉（Opisthocomus hoazin）

蓝孔雀（Pavo cristatus）

鸿雁（Anser cygnoides）

家鹅（*Anser cygnoides orientalis*）

大天鹅（*Cygnus cygnus*）

丹顶鹤（*Grus japonensis*）

火烈鸟（*Phoenicopteridae*）

白鹈鹕（*Pelecanus onocrotalus*）

鹤鸵（*Casuarius spp.*）

非洲鸵鸟（*Struthio camelus*）

两栖及爬行类

第3章

沙漠角蜥

Phrynosoma platyrhinos

科目 蜥蜴目角蜥科

别称 无

沙漠角蜥头部具有尖刺，脸部整体像蟾蜍的脸，身体呈扁平的椭圆形，边侧有小而尖的圆刺。

鼻孔　鼻梁　角　背　颈　胸　腹　膝　尾　腕　趾

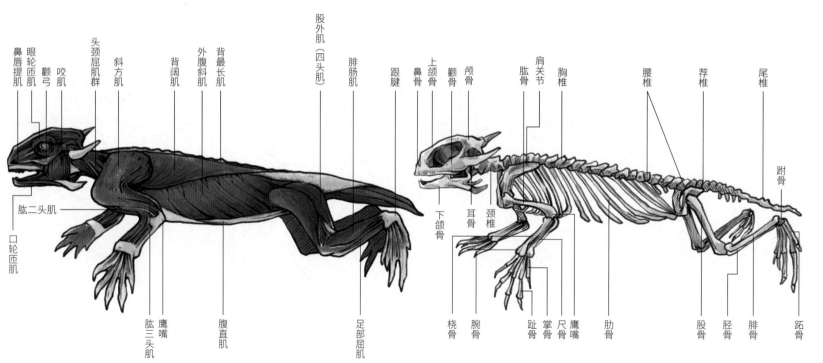

鼻唇提肌　眼轮匝肌　颧弓　咬肌　头颈屈肌群　斜方肌　背阔肌　外腹斜肌　背最长肌　股外肌（四头肌）　腓肠肌　跟腱

肱二头肌

口轮匝肌

肱三头肌　鹰嘴　腹直肌　足部屈肌

鼻骨　上颌骨　颧骨　颅骨　肱骨　肩关节　胸椎　腰椎　荐椎　尾椎

下颌骨　耳骨　颈椎　跗骨

桡骨　腕骨　趾骨　掌骨　尺骨　鹰嘴　肋骨　股骨　胫骨　腓骨　跖骨

避役

Chamaeleonidae

科 目 蜥蜴目避役科

别 称 变色龙

避役的体色能随着外界环境的变化而改变，两只眼睛可以不同程度地分开旋转，显得格外有趣。

鼻梁
鼻孔
颈
腕
趾
腹
膝
背
尾

咬肌
眼轮匝肌
鼻唇提肌
口轮匝肌
颧弓
头颈屈肌群
斜方肌
肱二头肌
肱三头肌
鹰嘴
腹直肌
足部屈肌
跟腱
外腹斜肌
背阔肌
背最长肌
腓肠肌
股外肌（四头肌）

下颌骨
上颌骨
颧骨
颅骨
颈椎
鼻骨
耳骨
趾骨
掌骨
腕骨
尺骨
桡骨
肋骨
鹰嘴
胫骨
距骨
跗骨
腓骨
冠
胸椎
肩关节
肱骨
腰椎
荐椎
尾椎
股骨

伞蜥

Chlamydosaurus kingii

科 目 有鳞目飞蜥科

别 称 斗篷蜥、伞蜥蝎、褶伞蜥

　　伞蜥有褐色、黑色等体色，争夺地盘或配偶时会向对手展开颈部的伞状皮膜，以震慑敌人。展开的伞状皮膜也有助于散热及吸收阳光。

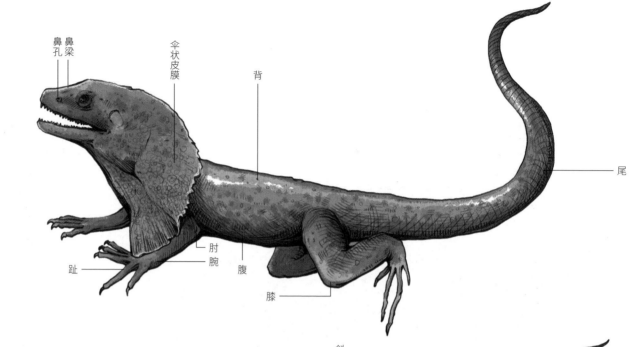

鼻孔　鼻梁　　伞状皮膜　　背　　　　　　　　　尾

肘　腕　　腹

趾　　　膝

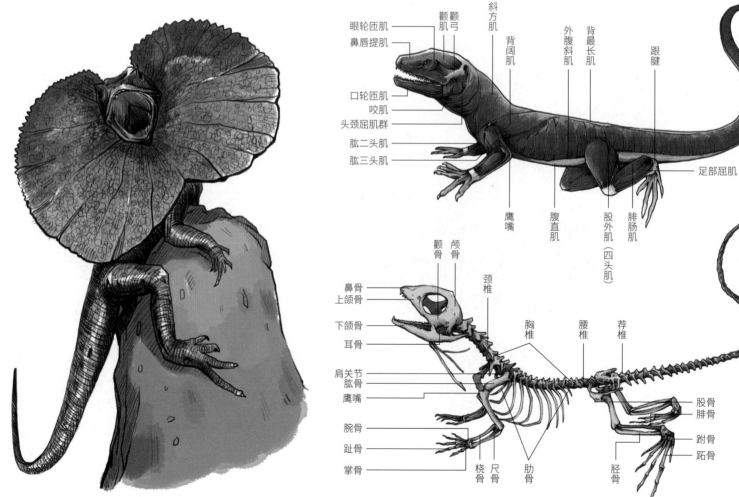

眼轮匝肌　　　　　颧肌　颧弓　斜方肌　　背阔肌　　外腹斜肌　背最长肌　　跟腱
鼻唇提肌

口轮匝肌
咬肌
头颈屈肌群
肱二头肌
肱三头肌

足部屈肌

鹰嘴　　腹直肌　股外肌（四头肌）　腓肠肌

颧骨　颅骨
鼻骨　　　　　颈椎
上颌骨

下颌骨　　　　　　　　　　胸椎　　腰椎　荐椎
耳骨

尾椎

肩关节
肱骨
鹰嘴

股骨
腓骨

腕骨
趾骨　　　　　　　　　　　　　　　　　跗骨
掌骨　　　桡骨　尺骨　肋骨　胫骨　跖骨

豹纹守宫

Eublepharis macularius

科 目 有鳞目壁虎科

别 称 豹纹拟蜥、豹纹壁虎

豹纹守宫是一种常见的爬虫类动物，身上覆盖着漂亮的花纹，其中豹纹颜色多为浅黄色或橙色，其他花纹颜色多为深褐色或黑色。豹纹守宫具有眼睑，尾部肥大且容易脱落。

鼻孔

趾

膝 腹 肘 腕

尾

背阔肌 斜方肌 眼轮匝肌 头颈屈肌群

肩关节 肩胛骨 颈椎 颅骨

鼻骨

颧骨

桡骨

肱二头肌
鹰嘴
肱三头肌

外腹斜肌

肱骨
尺骨
鹰嘴

肋骨

胸椎

背最长肌

腰椎

股外肌（四头肌）
腓肠肌

趾骨 掌骨 腕骨

荐椎

腹直肌

跟腱

跖骨 跗骨

尾椎

大壁虎

Gekko gecko

科 目 有鳞目壁虎科

别 称 大守宫、蛤蚧（gé jiè）、蛤蚧蛇

　　大壁虎体形较大，头部呈扁平的三角形，皮肤粗糙，全身密生粒状细鳞。
　　大壁虎的肌肉和骨骼与豹纹守宫的较为相似，因此这里仅做外形展示。

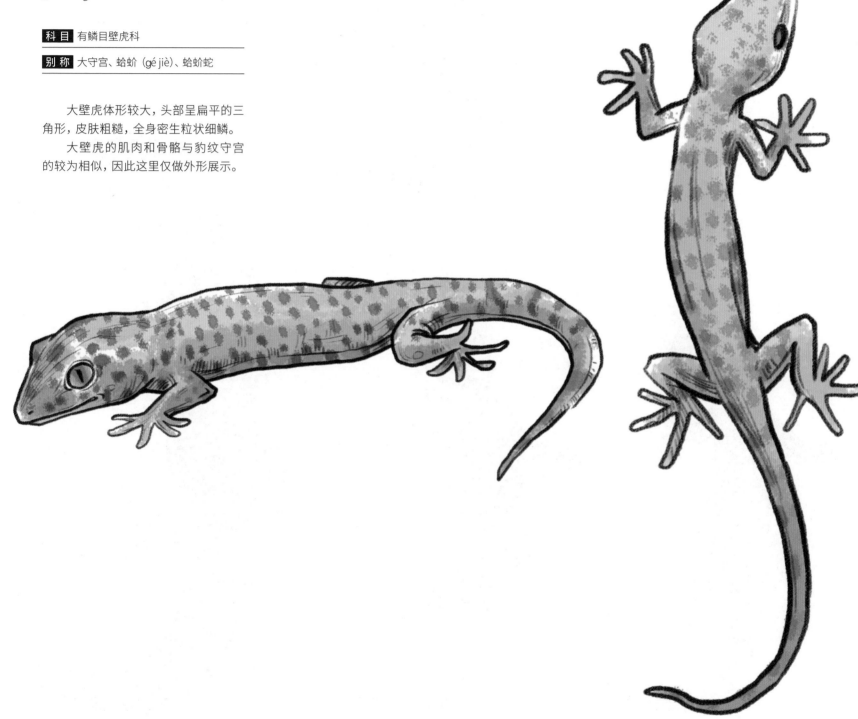

蓝尾石龙子

Eumeces elegans

科目 有鳞目石龙子科

别称 蓝尾四脚蛇、草龙

　　蓝尾石龙子成体呈褐色且侧纵纹明显，背部有5条浅黄色纵纹，尾端呈蓝色。

　　蓝尾石龙子的肌肉和骨骼与豹纹守宫的较为相似，因此这里仅做外形展示。

科莫多巨蜥

科目 有鳞目巨蜥科
别称 科莫多龙

Varanus komodoensis

科莫多巨蜥性格凶猛，行动迅速，身体覆盖着坚硬且呈鳞片状的肤。其体色会因个体和环境的不同而有所差异，通常为灰褐色或黄褐色

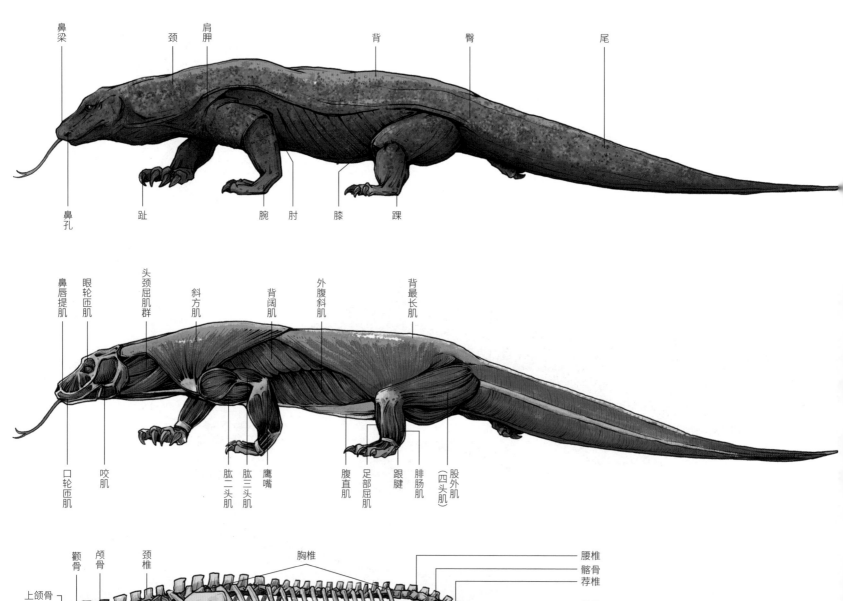

眼镜蛇

Naja

科目 有鳞目眼镜蛇科

别称 蝙蝠蛇、胀颈蛇

　　眼镜蛇生性凶猛，遇到危险被激怒时，会昂起身体前部，并膨胀颈部。由于它们的颈部膨胀时，背部会呈现明显的黑白斑，形似眼镜状的花纹，因此得名"眼镜蛇"。

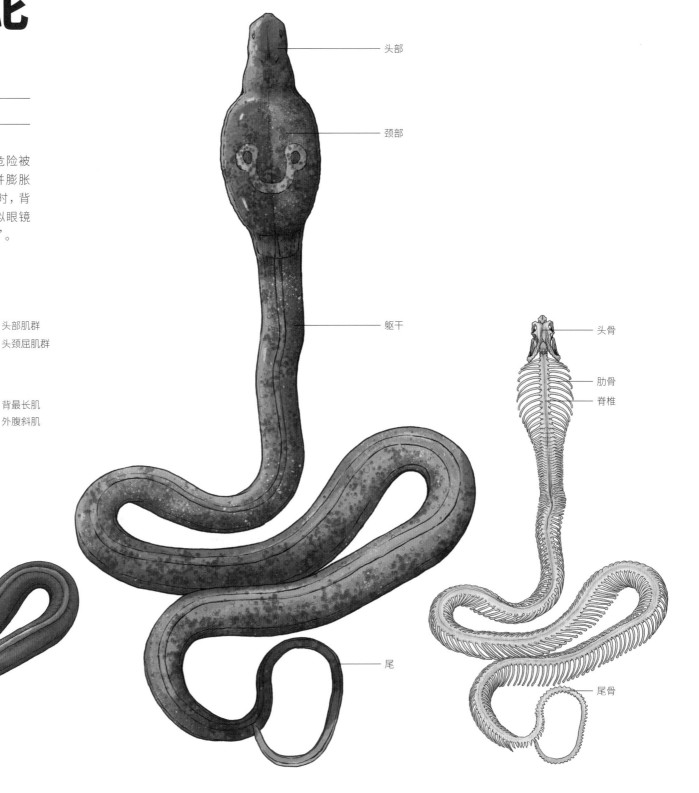

头部

颈部

躯干

尾

头部肌群

头颈屈肌群

背最长肌

外腹斜肌

头骨

肋骨

脊椎

尾骨

蛇的身体长而柔软，它们可以用腹鳞和腹部肌肉在地面爬行。观察蛇的头骨可以发现，它们的上颌骨非常细长，并向前伸展，有利于张开嘴巴，同时具有锋利的牙齿和毒腺。

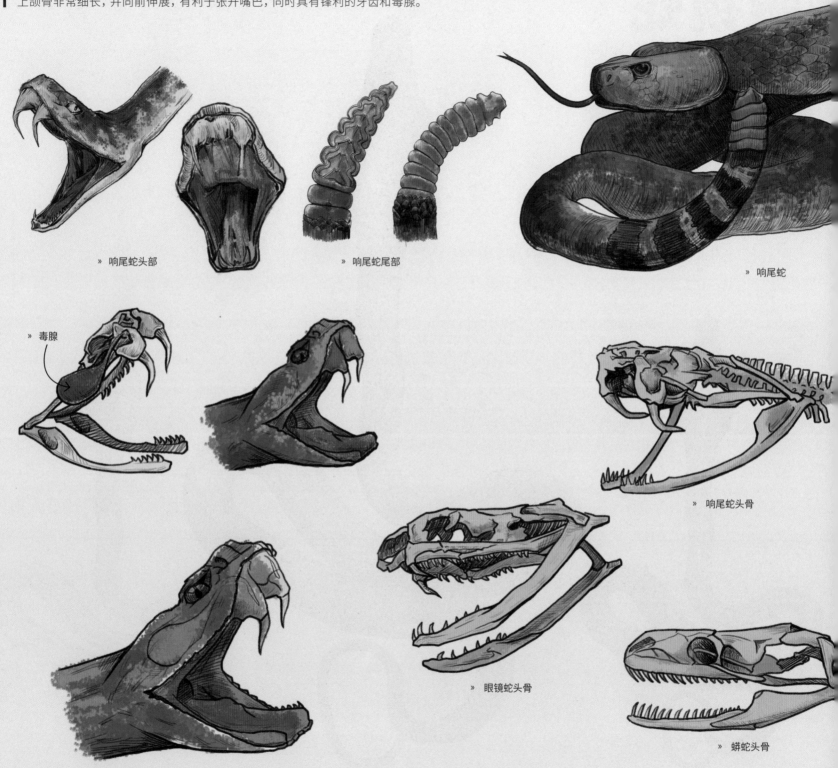

» 响尾蛇头部

» 响尾蛇尾部

» 响尾蛇

» 毒腺

» 响尾蛇头骨

» 眼镜蛇头骨

» 蟒蛇头骨

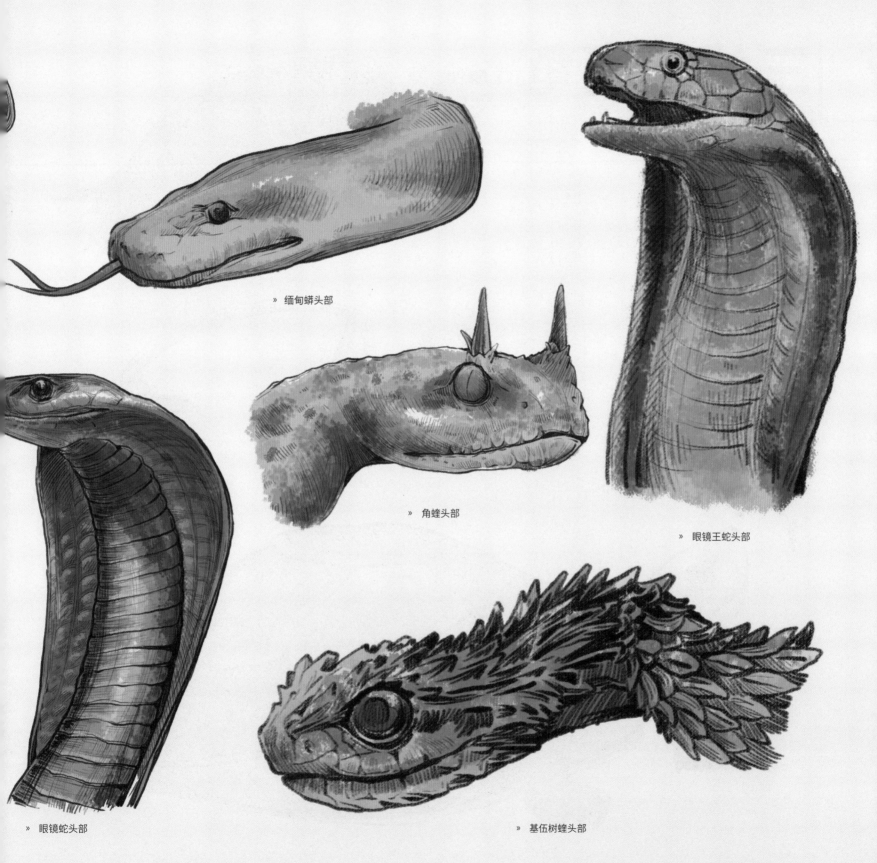

» 缅甸蟒头部

» 角蝰头部

» 眼镜王蛇头部

» 眼镜蛇头部

» 基伍树蝰头部

三线闭壳龟

Cuora trifasciata

科 目 龟鳖目龟科

别 称 金钱龟、红边龟

三线闭壳龟因背部具有3条黑线而得名，头部通常呈金黄色，后缘略呈锯齿状，背甲整体呈椭圆形。

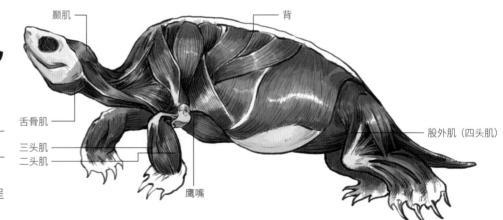

颞肌　背

舌骨肌

三头肌

二头肌

鹰嘴

股外肌（四头肌）

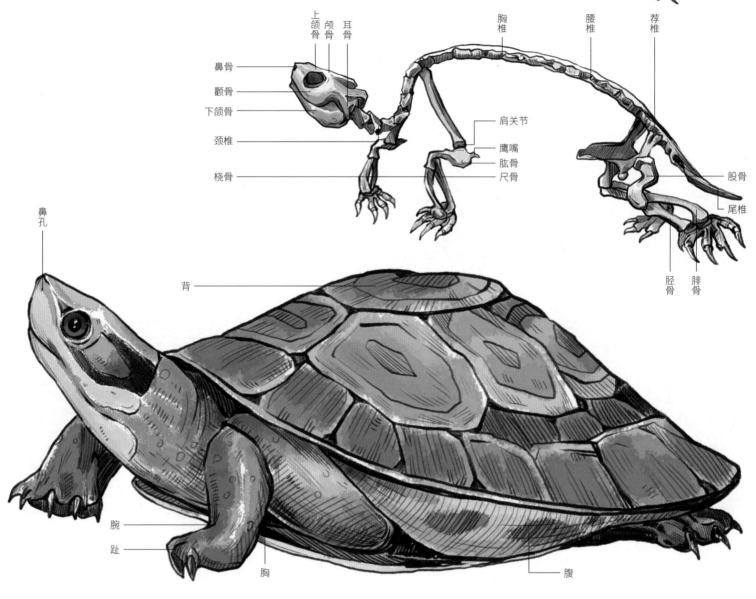

上颌骨　颅骨　耳骨　胸椎　腰椎　荐椎

鼻骨

颧骨

下颌骨

颈椎

桡骨

肩关节

鹰嘴

肱骨

尺骨

股骨

尾椎

胫骨　腓骨

鼻孔

背

腕

趾

胸

腹

苏卡达陆龟

Geochelone sulcata

科 目 龟鳖目陆龟科

别 称 苏卡达象龟、苏卡达龟、毛爪陆龟

　　苏卡达陆龟背部呈黄褐色，腹部呈淡黄色；尾短，呈淡黄色；没有花哨的纹饰。主要生活在非洲的撒哈拉沙漠边缘，比起水栖龟，其整体身形显得更加厚实。

　　苏卡达陆龟的肌肉和骨骼与三线闭壳龟的较为相似，因此这里仅做外形展示。

真鳄龟

Macroclemys temminckii

科 目	龟鳖目鳄龟科
别 称	大鳄龟、鳄鱼咬龟、鳄甲龟、鳄龟

　　真鳄龟因外形酷似鳄鱼而得名，具有原始龟的一些特征，如头部呈三角形，且整体占比较大。

　　真鳄龟的肌肉和骨骼与三线闭壳龟的较为相似，因此这里仅做外形展示。

绿海龟

Chelonia mydas

科 目 龟鳖目海龟科

别 称 海龟、黑龟、石龟

　　绿海龟是硬壳海龟的一种，因其身上的脂肪呈绿色而得名。背表面带有五彩斑纹，具有明显的龟甲棱。

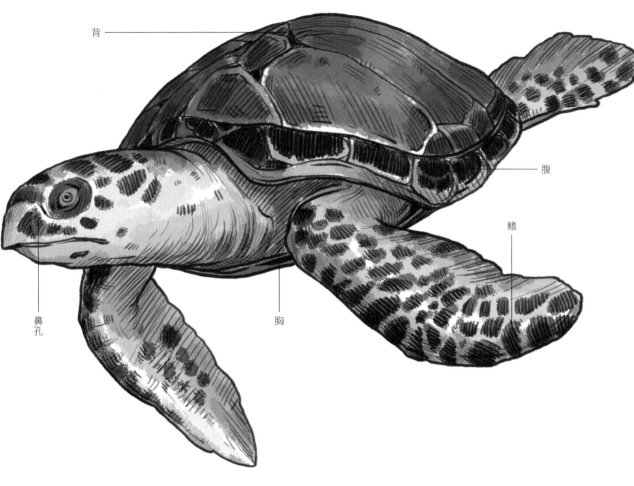

背

腹

鳍

胸

鼻孔

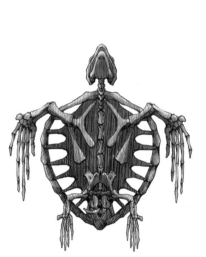

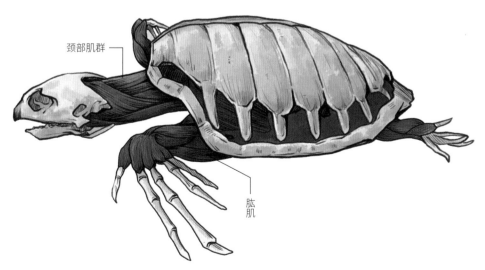

颈部肌群

肱肌

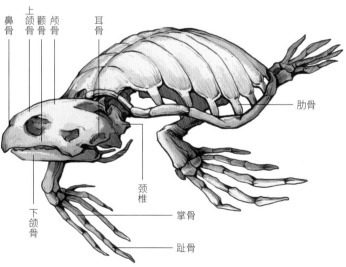

鼻骨
上颌骨
颧骨
颅骨
耳骨
肋骨
下颌骨
颈椎
掌骨
趾骨

暹罗鳄

Crocodylus siamensis

科目 鳄目鳄科

别称 暹罗淡水鳄

暹罗鳄上体呈暗橄榄绿色或浅棕绿色，且带有黑色斑点，尾部和背部有暗横条纹及斑点，腹部呈白色或淡黄白色。

鼻骨　上颌骨　颧骨　颈椎　肩关节　胸椎　腰椎　尾椎

荐椎
股骨
胫骨
腓骨
跗骨
距骨

下颌骨
桡骨
腕骨
趾骨
肱骨
肋骨
尺骨
掌骨

咬肌　头颈屈肌群　斜方肌　背阔肌　背最长肌　外腹斜肌

股外肌（四头肌）
腓肠肌
跟骨

肱二头肌

肱三头肌　鹰嘴　腹直肌　足部屈肌

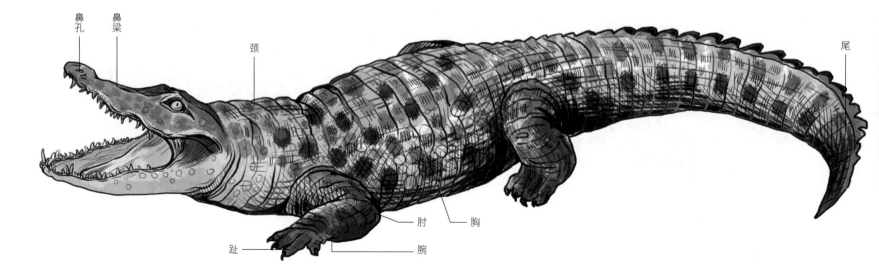

鼻孔　鼻梁　颈　尾

肘　胸

趾　腕

食鱼鳄

科 目	鳄目长吻鳄科
别 称	长吻鳄

Gavialis gangeticus

食鱼鳄身体呈流线型，是一种吻部细长的鳄鱼。它们通常具有棕色或灰色的皮肤，有时带有浅色斑点。

食鱼鳄的肌肉和骨骼与暹罗鳄的较为相似，因此这里仅做外形展示。

湾鳄

科 目	鳄目鳄科
别 称	咸水鳄、食人鳄、裸颈鳄

Crocodylus porosus

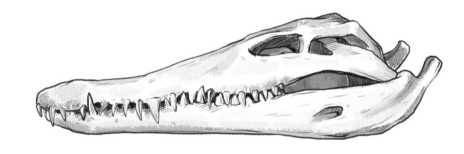

因为湾鳄是鳄目中唯一一种颈背没有大鳞片的鳄鱼，所以又被称为"裸颈鳄"。

湾鳄的肌肉和骨骼与暹罗鳄的较为相似，因此这里仅做外形展示。

牛蛙

Lithobates catesbeiana

科 目 无尾目蛙科

别 称 菜蛙

　　牛蛙因像牛一样具有粗壮的叫声而得名。其头部宽扁，眼球外凸，四肢粗壮。背部通常带有暗褐色斑纹，腹面呈白色。

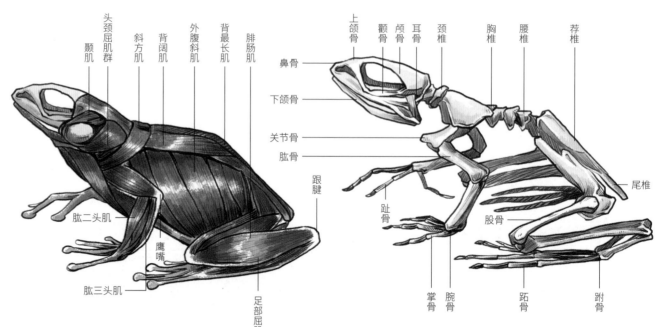

颞肌　头颈屈肌群　斜方肌　背阔肌　外腹斜肌　背最长肌　腓肠肌

肱二头肌
鹰嘴
肱三头肌
足部屈肌
跟腱

鼻骨　上颌骨　颧骨　颅骨　耳骨　颈椎　胸椎　腰椎　荐椎
下颌骨
关节骨
肱骨
趾骨　掌骨　腕骨　股骨　跖骨　跗骨
尾椎

鼻梁　颈　背

鼻孔

趾　腕　腹　膝

绿雨滨蛙

Litoria caerulea

科目 无尾目雨蛙科

别称 巨人树蛙、老爷树蛙

绿雨滨蛙体形肥胖，一般通体呈浅绿色，腹部呈白色。它们生命力较强，是初次饲养蛙种人士的理想选择。

绿雨滨蛙的肌肉和骨骼与牛蛙的较为相似，因此这里仅做外形展示。

钟角蛙

Ceratophrys ornata

科目 无尾目角花蟾科

别称 阿根廷角蛙、珍珠角蛙、贝氏角蛙

大部分钟角蛙呈深绿色且带有深红色线条，全身布满不规则斑块。钟角蛙身体矮胖，喜欢半身藏于土中。

钟角蛙的肌肉和骨骼与牛蛙的较为相似，因此这里仅做外形展示。

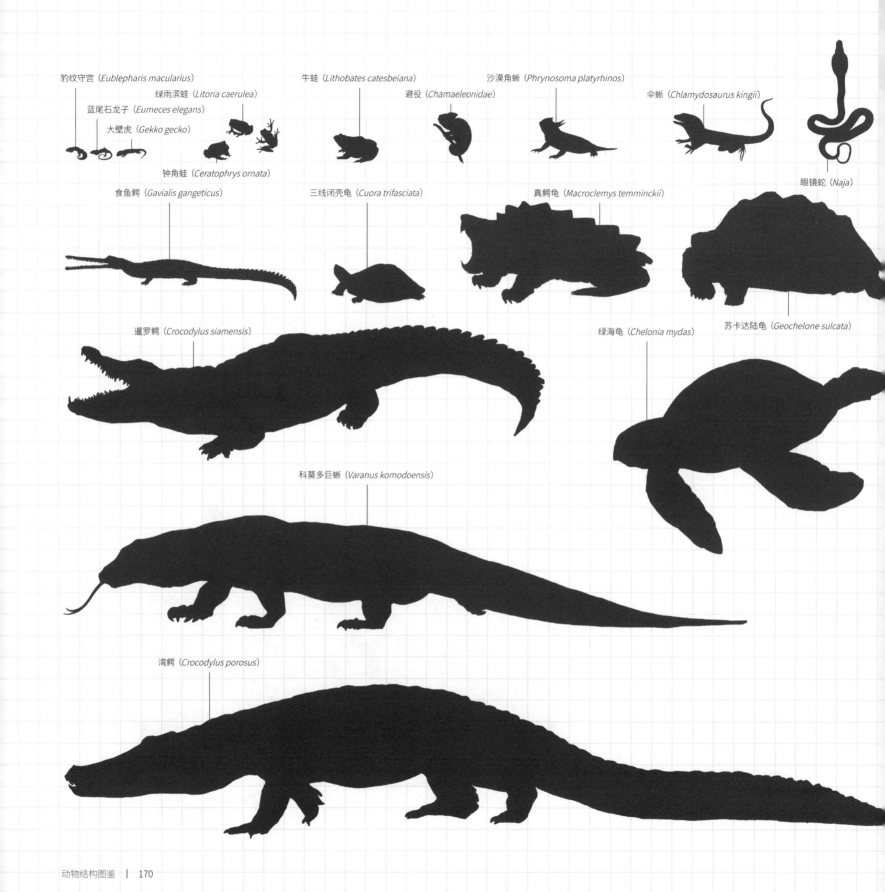

豹纹守宫（*Eublepharis macularius*）

绿雨滨蛙（*Litoria caerulea*）

蓝尾石龙子（*Eumeces elegans*）

大壁虎（*Gekko gecko*）

牛蛙（*Lithobates catesbeiana*）

避役（*Chamaeleonidae*）

沙漠角蜥（*Phrynosoma platyrhinos*）

伞蜥（*Chlamydosaurus kingii*）

钟角蛙（*Ceratophrys ornata*）

眼镜蛇（*Naja*）

食鱼鳄（*Gavialis gangeticus*）

三线闭壳龟（*Cuora trifasciata*）

真鳄龟（*Macroclemys temminckii*）

暹罗鳄（*Crocodylus siamensis*）

绿海龟（*Chelonia mydas*）

苏卡达陆龟（*Geochelone sulcata*）

科莫多巨蜥（*Varanus komodoensis*）

湾鳄（*Crocodylus porosus*）

鱼类

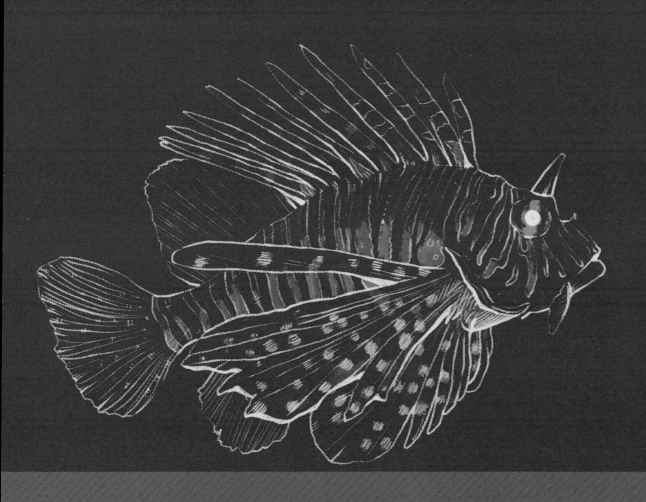

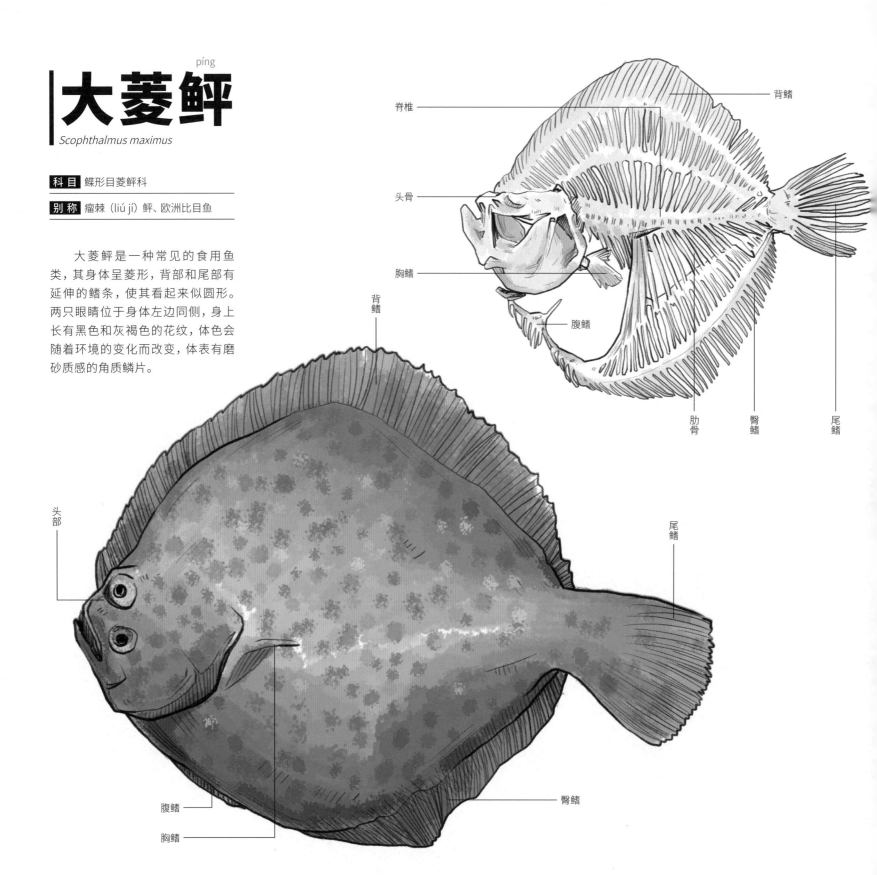

大菱鲆

píng

Scophthalmus maximus

科 目 蝶形目菱鲆科

别 称 瘤棘（liú jí）鲆、欧洲比目鱼

　　大菱鲆是一种常见的食用鱼类，其身体呈菱形，背部和尾部有延伸的鳍条，使其看起来似圆形。两只眼睛位于身体左边同侧，身上长有黑色和灰褐色的花纹，体色会随着环境的变化而改变，体表有磨砂质感的角质鳞片。

脊椎

头骨

胸鳍

腹鳍

背鳍

肋骨

臀鳍

尾鳍

背鳍

头部

尾鳍

腹鳍

胸鳍

臀鳍

金鲳鱼

chāng

Trachinotus ovatus

科目 鲈形目鲹科

别称 黄腊鲳、金鲳

　　金鲳鱼体形扁平，呈卵圆形，头侧扁，尾细长。体表具有光泽的角质鳞，但打捞上岸后，角质鳞易剥落并失去原有光泽。

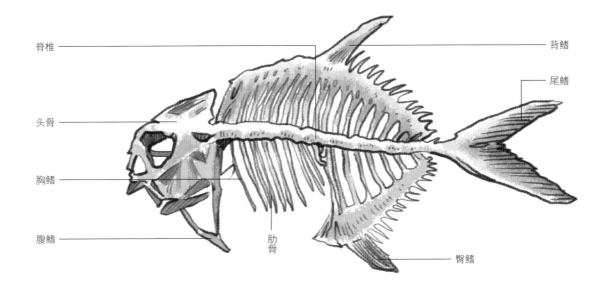

脊椎　头骨　胸鳍　腹鳍　肋骨　背鳍　尾鳍　臀鳍

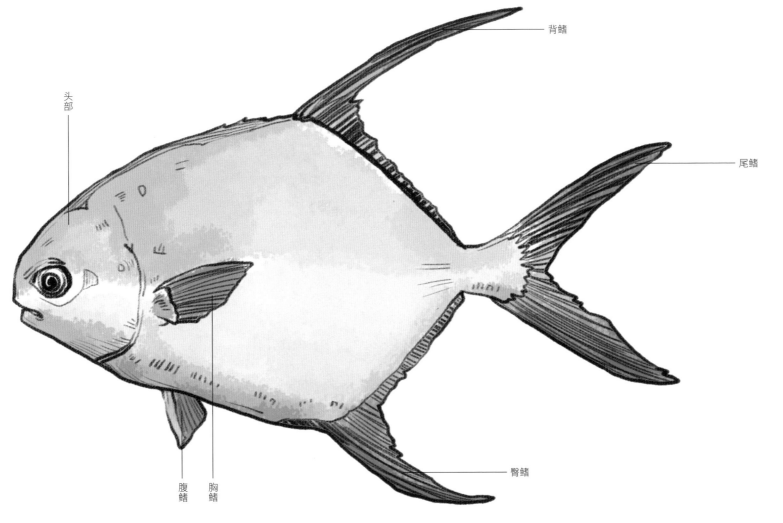

头部　背鳍　尾鳍　腹鳍　胸鳍　臀鳍

大马林鱼

科目 鲈形目旗鱼科

别称 青枪鱼

Makaira mitsukurii

大马林鱼是一种海洋大型旗鱼，吻部呈剑形，牙齿呈颗粒状，性情凶猛，游泳速度奇快，属于肉食性动物。

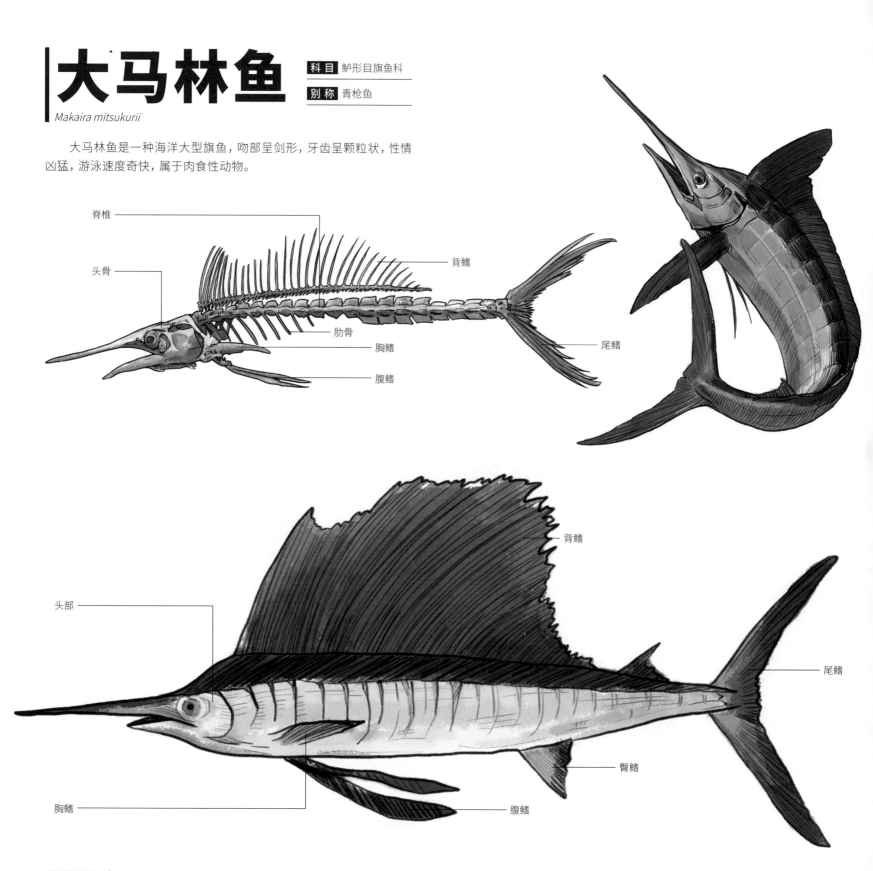

脊椎

头骨

背鳍

肋骨

胸鳍

腹鳍

尾鳍

背鳍

头部

尾鳍

臀鳍

胸鳍

腹鳍

罗非鱼

Oreochromis mossambicus

科 目 鲈形目丽鲷科

别 称 福寿鱼、金凤鱼

罗非鱼是一种热带性鱼类，其背鳍具有10余条鳍棘，尾鳍呈平截状或圆形，体侧及尾鳍上长有多条纵纹。

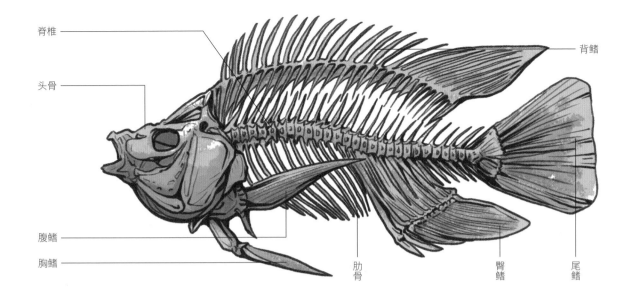

脊椎

头骨

腹鳍

胸鳍

肋骨

背鳍

臀鳍

尾鳍

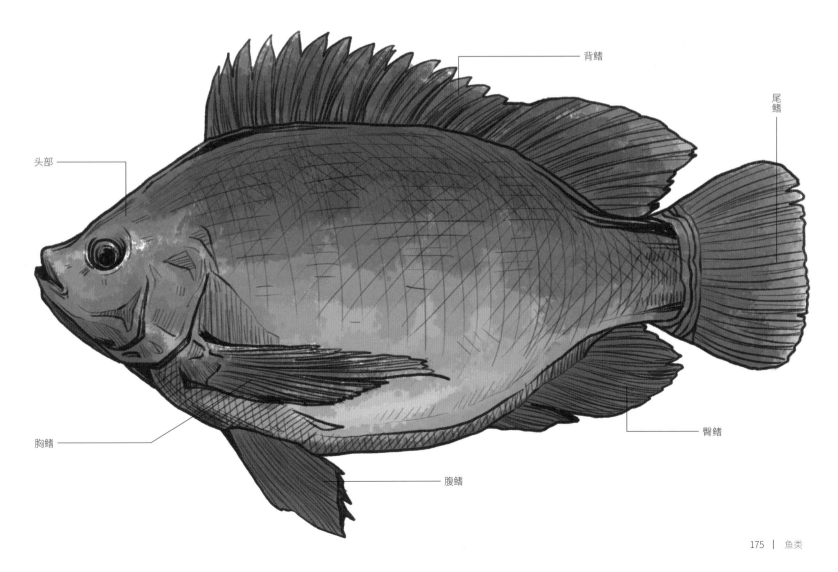

头部

胸鳍

腹鳍

背鳍

尾鳍

臀鳍

大西洋蓝鳍金枪鱼

Thunnus thynnus

科 目 鲭形目鲭科

别 称 大西洋黑鲔、北方黑鲔

大西洋蓝鳍金枪鱼身体呈纺锤形且较为粗壮，横切面近似呈椭圆形。

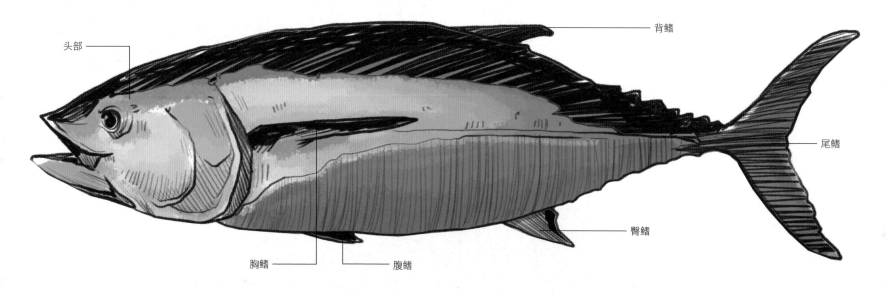

头部

背鳍

尾鳍

臀鳍

胸鳍　腹鳍

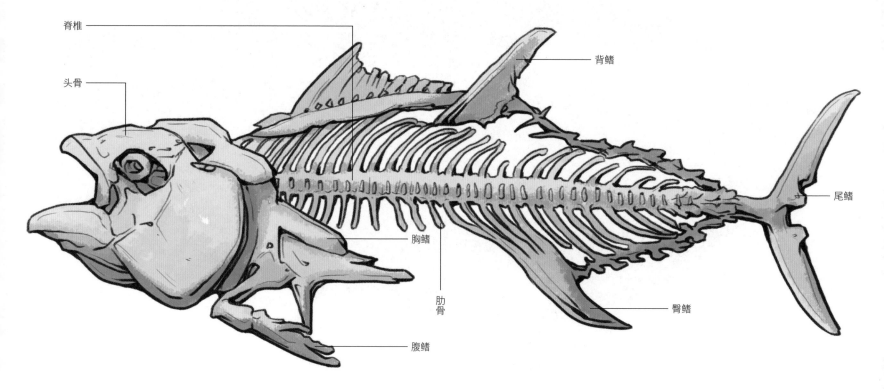

脊椎

背鳍

头骨

尾鳍

胸鳍

肋骨

臀鳍

腹鳍

黄鳍
金枪鱼

Thunnus albacares

科目 鲭形目鲭科

别称 鱼串子、黄鳍鲔

　　黄鳍金枪鱼因两个背鳍和臀鳍呈黄色而得名，其体背侧呈蓝黑色，体侧及腹部呈灰白色，尾鳍呈黑褐色。

　　黄鳍金枪鱼的骨骼与大西洋蓝鳍金枪鱼的较为相似，因此这里仅做外形展示。

大目鮪
wěi

Thunnus obesus

科目 鲟形目鲭科

别称 大眼金枪鱼

　　大目鮪身体呈流线型，背部呈深蓝色，侧面和腹部呈银白色，是一种常用于制作生鱼片的鱼类。

　　大目鮪的骨骼与大西洋蓝鳍金枪鱼的较为相似，因此这里仅做外形展示。

食用鱼一般肉质鲜嫩，口感香甜，富含优质的脂肪、蛋白质、维生素和矿物质等。

» 三文鱼（*Oncorhynchus*）

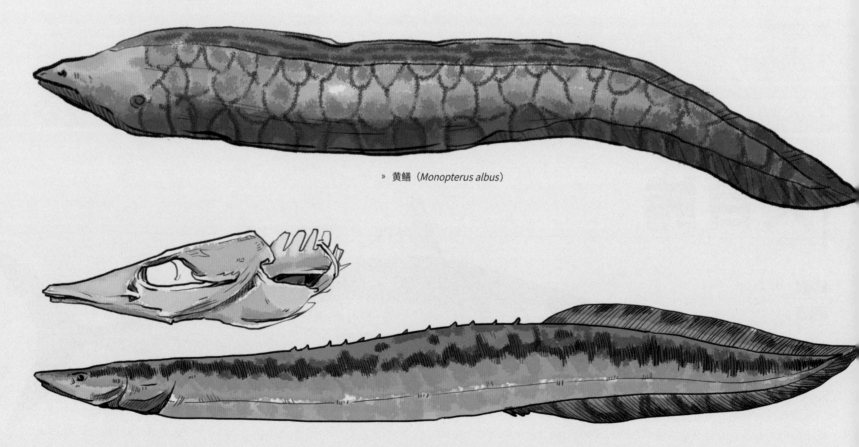

» 黄鳝（*Monopterus albus*）

» 刺鳅（*Mastacembelus aculeatus*）

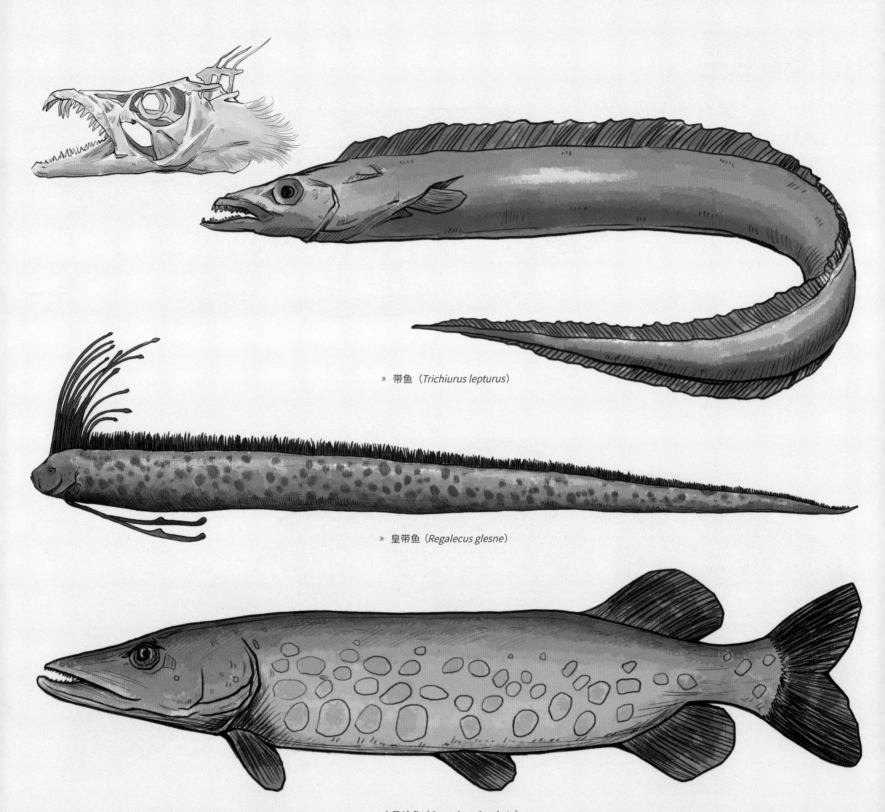

» 带鱼（*Trichiurus lepturus*）

» 皇带鱼（*Regalecus glesne*）

» 大马哈鱼（*Oncorhynchus keta*）

锦鲤

Cyprinus carpio

科目 鲤形目鲤科

别称 红鲤鱼、花脊鱼

锦鲤是一种高档观赏鱼，其体格健美，色彩艳丽，花纹多变，有"水中活宝石"的美誉。

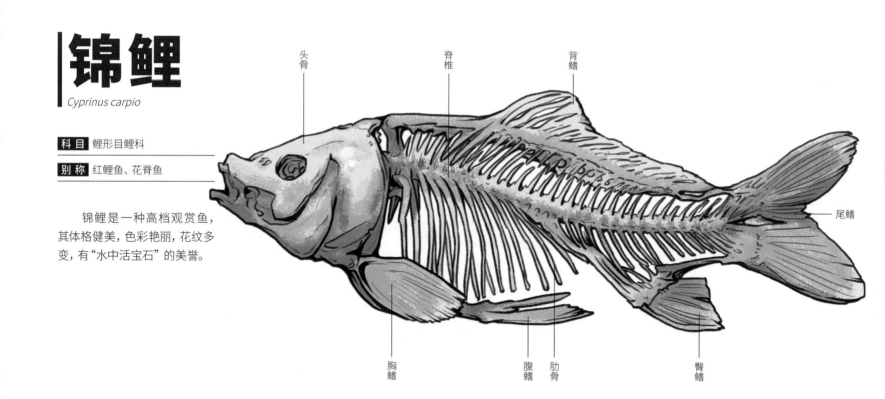

头骨　脊椎　背鳍　尾鳍　胸鳍　腹鳍　肋骨　臀鳍

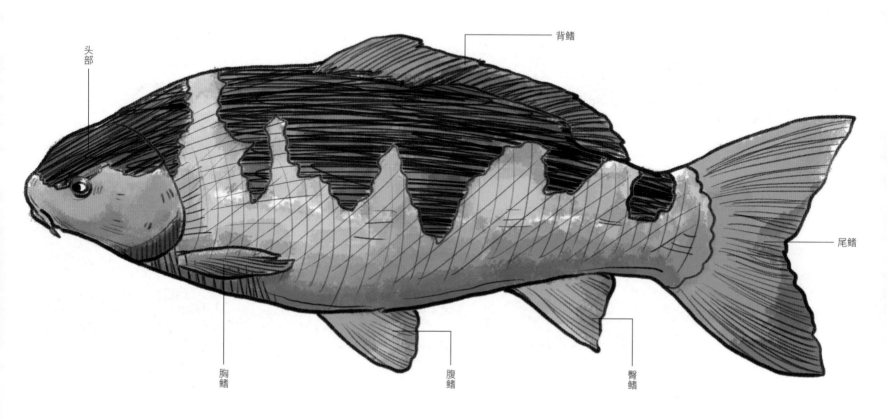

头部　背鳍　尾鳍　胸鳍　腹鳍　臀鳍

草金鱼

Goldfish

科 目 鲤形目鲤科

别 称 金鲫鱼

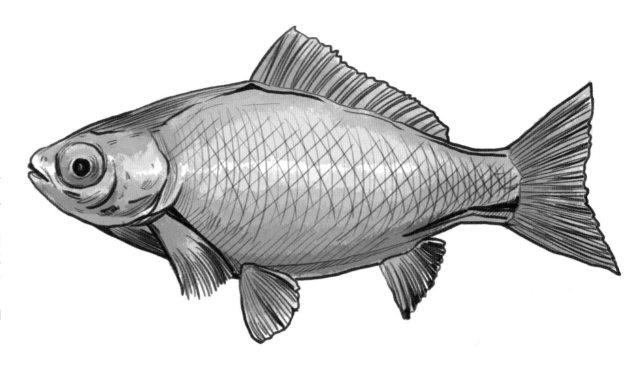

草金鱼是一种淡水鱼类，也是一种常见的观赏鱼。身体颜色一般为淡黄色或金色，背鳍和腹鳍较长，尾鳍分叉成两个叶片。

草金鱼的骨骼与锦鲤的较为相似，因此这里仅做外形展示。

唐鱼

Tanichthys albonubes

科 目 鲤形目鲤科

别 称 白云金丝鱼、金丝鱼、红尾鱼

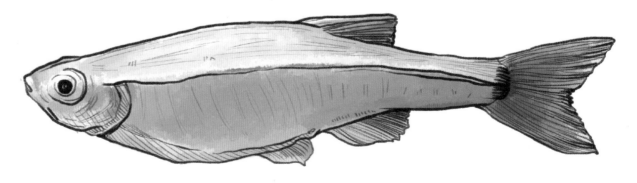

唐鱼是一种常见的观赏鱼，其体形较小，颜色多为金黄色，有些品种的唐鱼带有黑色斑点或条纹。

唐鱼的骨骼与锦鲤的较为相似，因此这里仅做外形展示。

观赏鱼通常是那些被人们视为美丽或有趣的鱼类，
它们大多拥有鲜艳多彩的体色，具有很好的观赏性。

» 斗鱼（*Belontiidae gouramies*）

» 小丑鱼（*Amphiprioninae*）

» 燕鱼（*Platax teira*）

翻车鱼

Mola

科 目 鲀形目翻车鲀科

别 称 头鱼、太阳鱼、月亮鱼

翻车鱼是一种大型大洋性鱼类，其体态奇特且呈椭圆形，眼睛较小，无尾。体背呈灰褐色，腹侧呈银灰色，体侧带有细小的斑点。

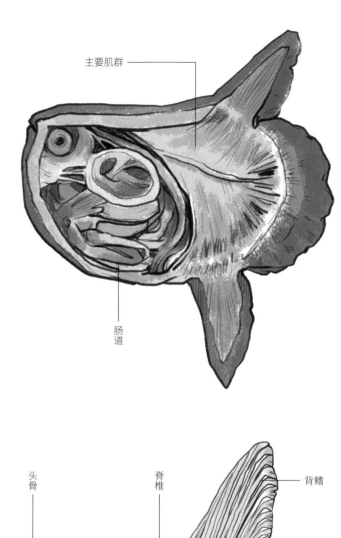

主要肌群

肠道

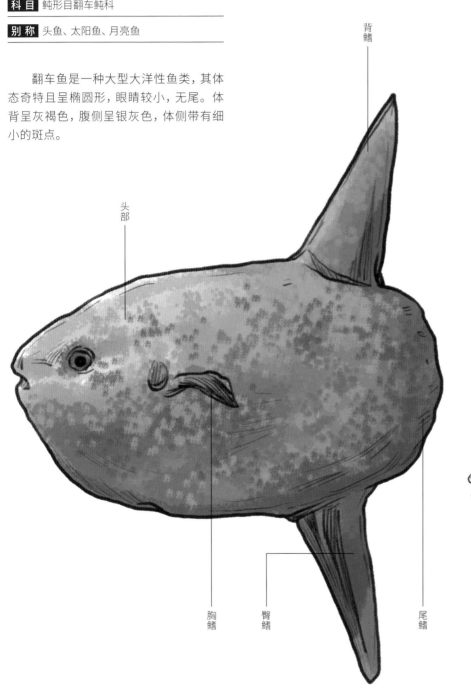

背鳍

头部

胸鳍

臀鳍

尾鳍

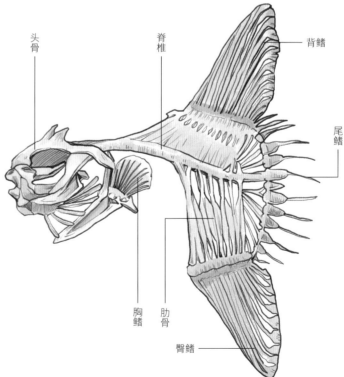

头骨

脊椎

背鳍

尾鳍

胸鳍

肋骨

臀鳍

海蛾鱼

Seamoth

科 目 海蛾目海蛾科

别 称 海麻雀、海燕子、海天狗

　　海蛾鱼身体偏长，被包裹在骨质环的盔甲中，其骨骼与外表几乎无差异。

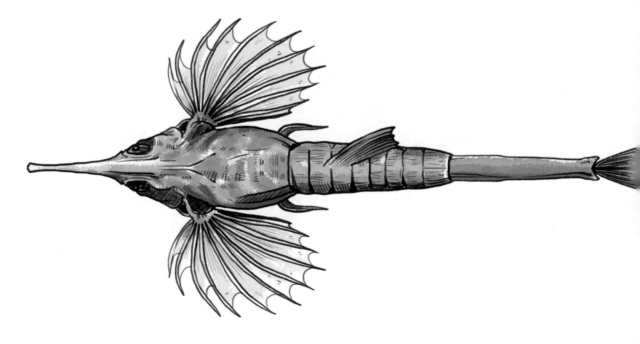

叶海龙

Phycodurus eques

科目 海龙目海龙科

别称 叶形海龙、藻龙、枝叶海马

　　叶海龙的外骨骼由骨质板组成，其体表的海藻叶瓣状衍生物为附肢。

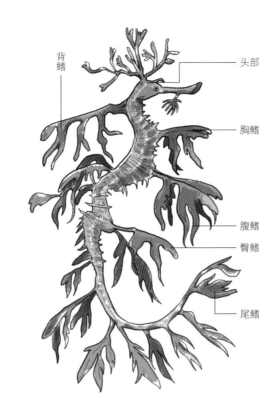

背鳍　头部　胸鳍　腹鳍　臀鳍　尾鳍

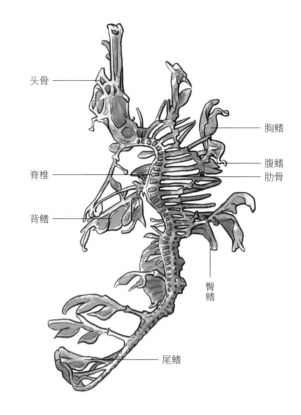

头骨　脊椎　背鳍　胸鳍　腹鳍　肋骨　臀鳍　尾鳍

海龙

Syngnathussp

科目 海龙目海龙科

别称 管口鱼、杨枝鱼、钱串子

　　海龙的身体呈纺锤形，头部呈马头形，身体表面有一层骨质的甲壳，尾部可卷曲。

　　海龙的骨骼与叶海龙的较为相似，因此这里仅做外形展示。

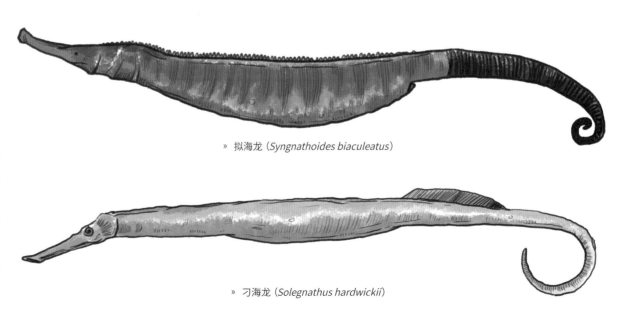

» 拟海龙 (*Syngnathoides biaculeatus*)

» 刁海龙 (*Solegnathus hardwickii*)

海马

Hippocampus

科 目 海龙目海龙科

别 称 无

　　海马因头部弯曲且呈马头状而得名，是一种高度特化的海洋鱼类。眼睛可以独立活动，但行动迟缓，主要捕食桡足类生物。

头部

头骨

肋骨

脊椎

背鳍

尾

角箱鲀

tún

Lactoria cornutus

科目 鲀形目箱鲀科

别 称 角鲀、牛角

角箱鲀身体被硬骨板包裹，横断面呈五角形，外貌特殊，头部的尖刺可用于防御天敌。

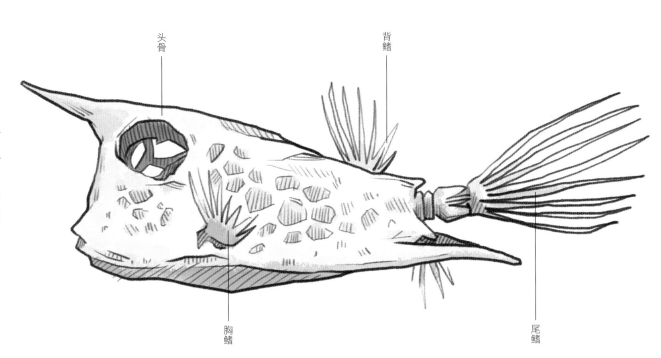

头骨　背鳍　胸鳍　尾鳍

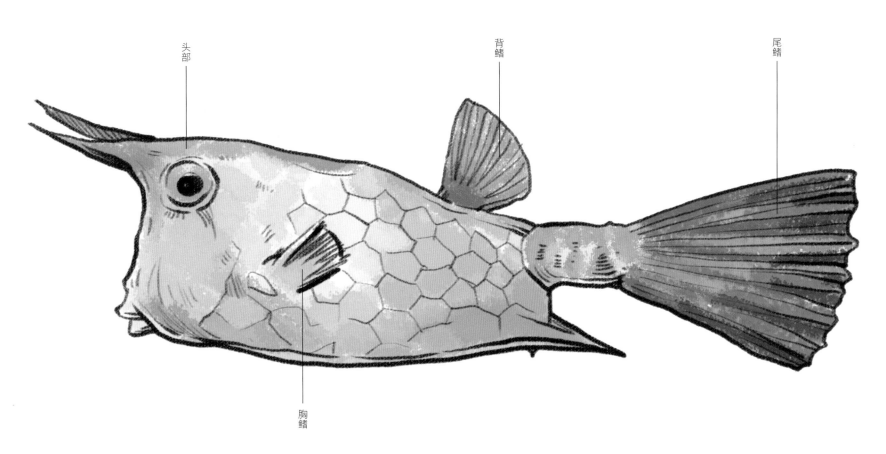

头部　背鳍　尾鳍　胸鳍

河鲀

Tetraodontidae

科目 鲀形目鲀科

别称 河豚、乖鱼

　　河鲀是一种味道鲜美且营养丰富的食用鱼类，其身体背部呈深绿色或褐色，腹部呈白色或浅灰色，有发达的背鳍、臀鳍、胸鳍和尾鳍。

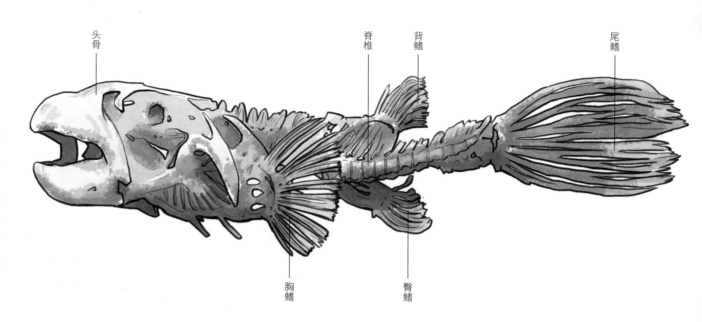

头骨　脊椎　背鳍　尾鳍　胸鳍　臀鳍

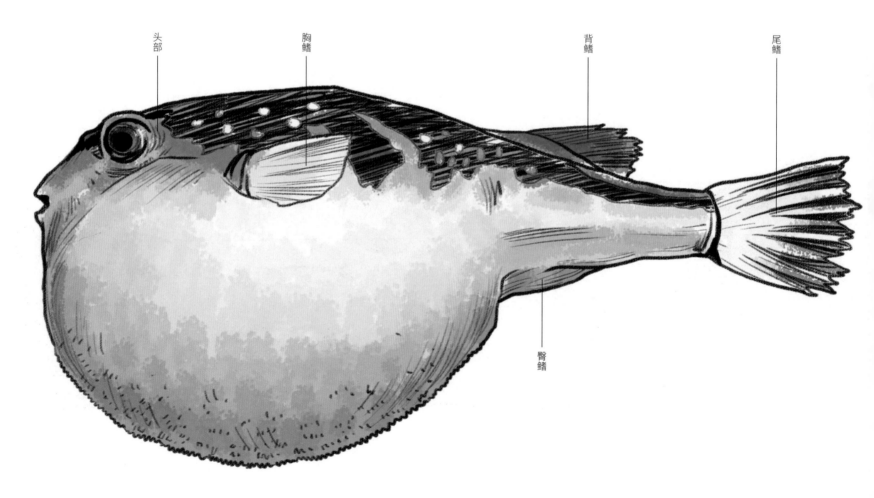

头部　胸鳍　背鳍　尾鳍　臀鳍

刺鲀

Diodontidae

科目 鲀形目刺鲀科

别称 气球鱼、二齿鲀

　　刺鲀是河鲀的近亲，主要生活在近海水域。体色多为黄棕色，腹部呈白色，全身长满较硬的三角锥状尖刺，膨胀起来像刺猬。

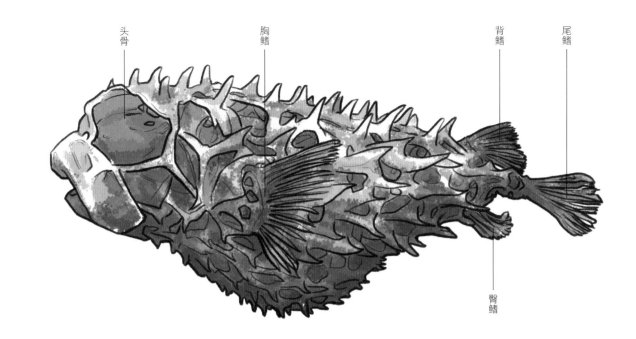

头骨　胸鳍　背鳍　尾鳍　臀鳍

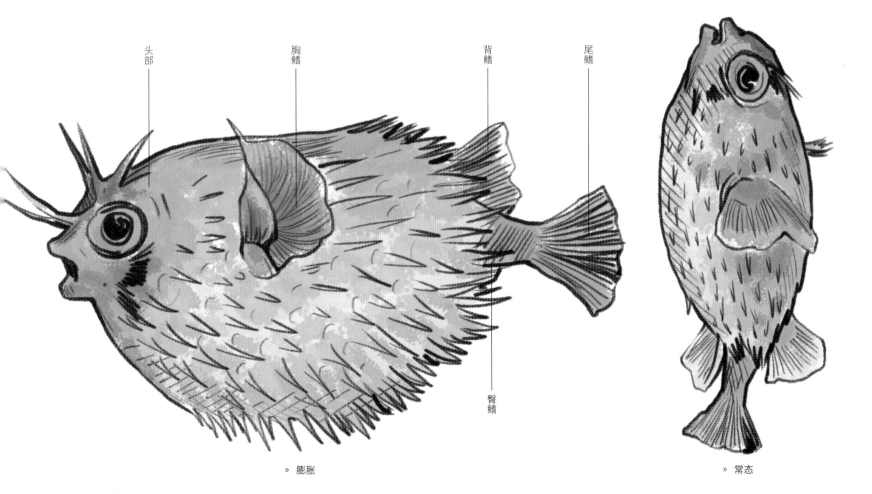

头部　胸鳍　背鳍　尾鳍　臀鳍

» 膨胀

» 常态

躄鱼

bì

Antennarius

科目 鮟鱇目躄鱼科

别称 跛脚鱼

躄鱼是躄鱼属鱼类的统称，因其可以用胸鳍和腹鳍行走而得名。体形扁圆，腹部较胖。头部较大，像一只蛤蟆，有的头部具有类似"小灯"的结构，有的则不具有。

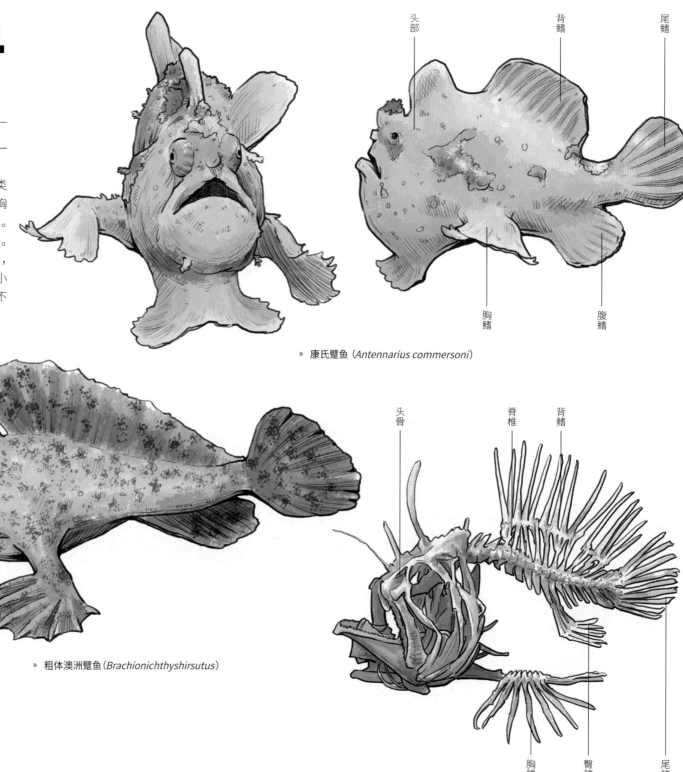

头部　背鳍　尾鳍

胸鳍　腹鳍

» 康氏躄鱼（*Antennarius commersoni*）

» 粗体澳洲躄鱼（*Brachionichthyshirsutus*）

头骨　脊椎　背鳍

胸鳍　臀鳍　尾鳍

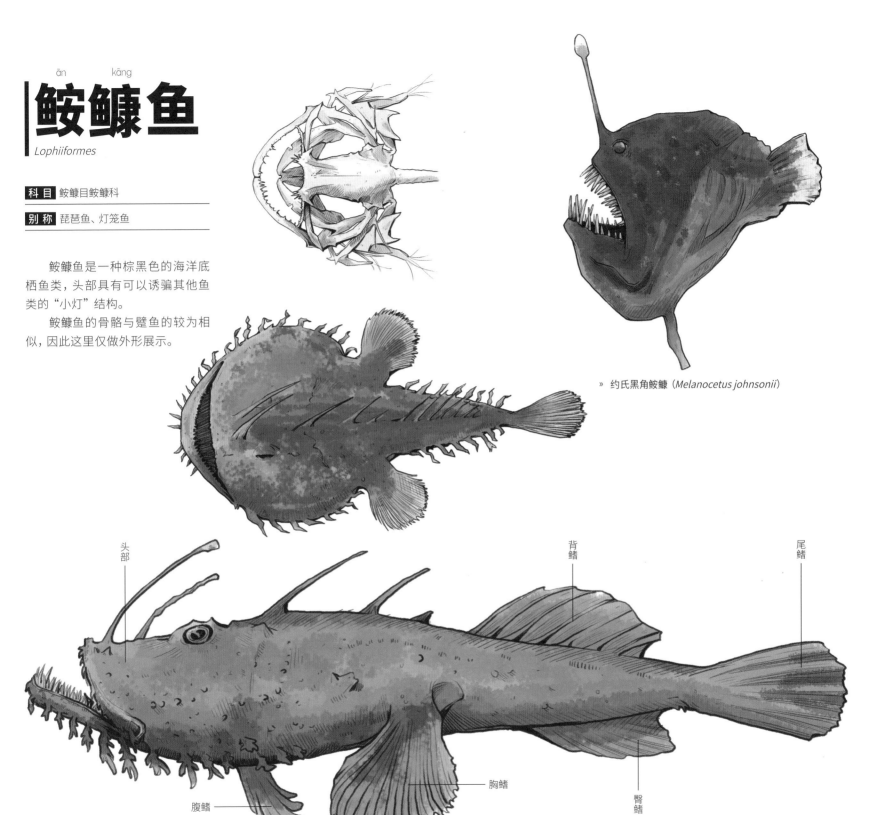

鮟鱇鱼

Lophiiformes

ān kāng

科目 鮟鱇目鮟鱇科

别称 琵琶鱼、灯笼鱼

　　鮟鱇鱼是一种棕黑色的海洋底栖鱼类，头部具有可以诱骗其他鱼类的"小灯"结构。

　　鮟鱇鱼的骨骼与鳖鱼的较为相似，因此这里仅做外形展示。

» 约氏黑角鮟鱇（*Melanocetus johnsonii*）

头部

背鳍

尾鳍

臀鳍

胸鳍

腹鳍

» 黑鮟鱇（*Lophiomus setigerus*）

中国团扇鳐

Platyrhina sinensis

^{yáo}

科 目	电鳐目团扇鳐科
别 称	中国黄点鯆（bū）

中国团扇鳐体形平扁呈团扇状，吻短，眼小，鼻孔宽大。体背呈灰褐色且带有不同程度的浅色斑点，腹部呈白色，边缘呈橙黄色。

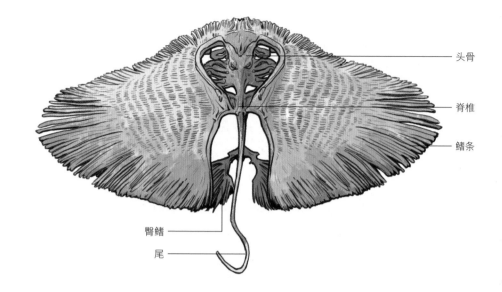

头骨

脊椎

鳍条

臀鳍

尾

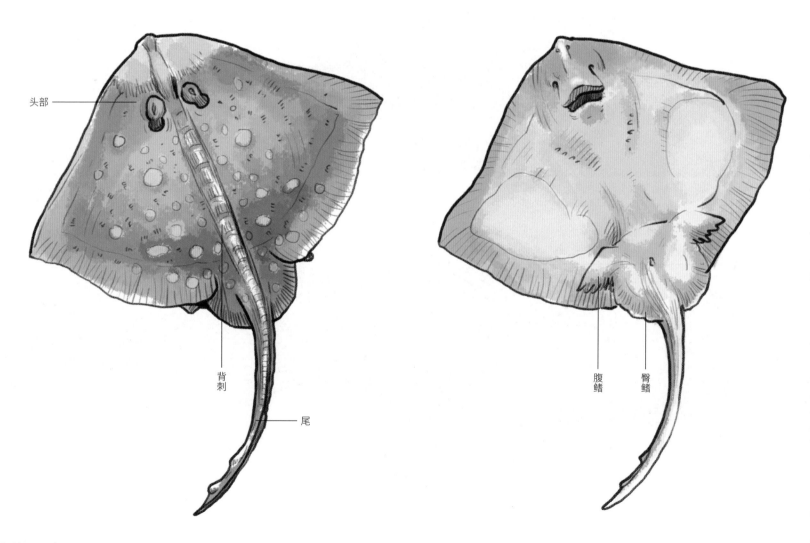

头部

背刺

尾

腹鳍

臀鳍

hóng

虹鱼

科 目 鲼形目虹科

别 称 魔鬼鱼

Stingray

　　虹鱼是鲼形目软骨鱼类的总称，它们具有埋沙的本领，身体呈圆形或菱形，体表无鳞片，尾呈鞭状，有毒刺。

　　虹鱼的骨骼与中国团扇鳐的较为相似，因此这里仅做外形展示。

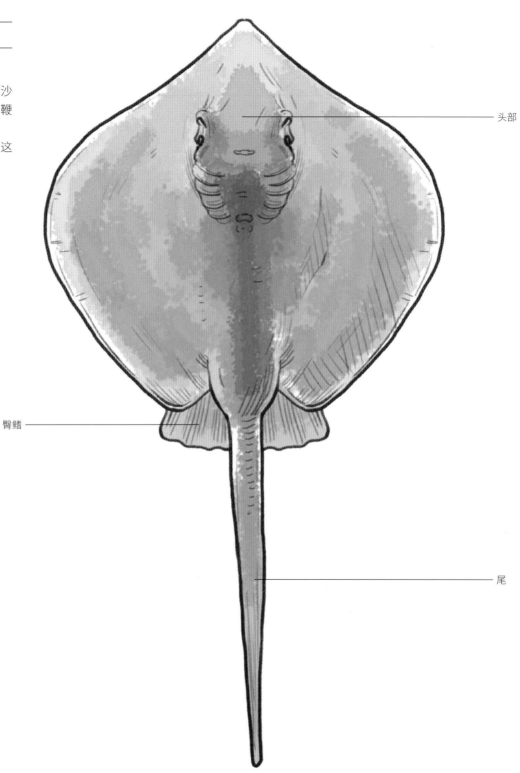

头部

臀鳍

尾

双吻前口蝠鲼

Manta birostris

科 目 燕魟目鲼科

别 称 鬼蝠、巨蝠鲼、飞鲂仔、鹰鲂

　　双吻前口蝠鲼无尾鳍和背鳍，背部体色为黑色或灰蓝色，腹部白灰相间，皮肤具有角质鳞片，这一特征很像鲨鱼。

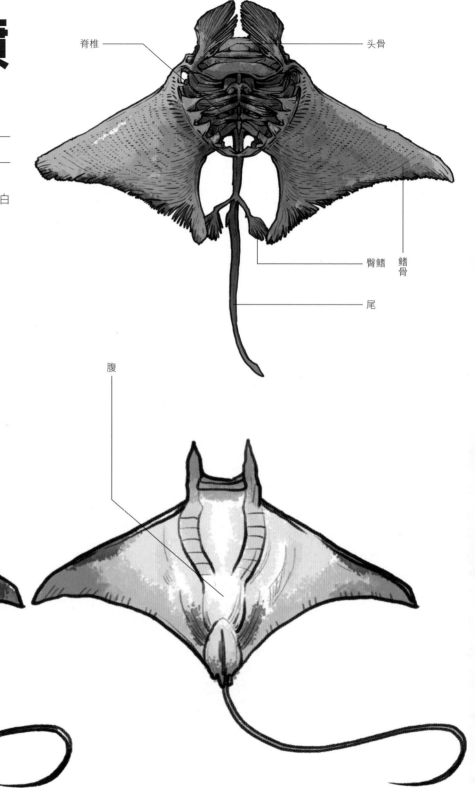

fèn

脊椎

头骨

臀鳍

鳍骨

尾

背

头部

腹

尾

噬人鲨

科目	鼠鲨目鼠鲨科
别称	大白鲨、食人鲨

Carcharodon carcharias

　　噬人鲨的体形较大，身体呈流线型，背部呈深灰色或蓝灰色，腹部呈白色，长有尖锐的三角形牙齿，性情凶猛。

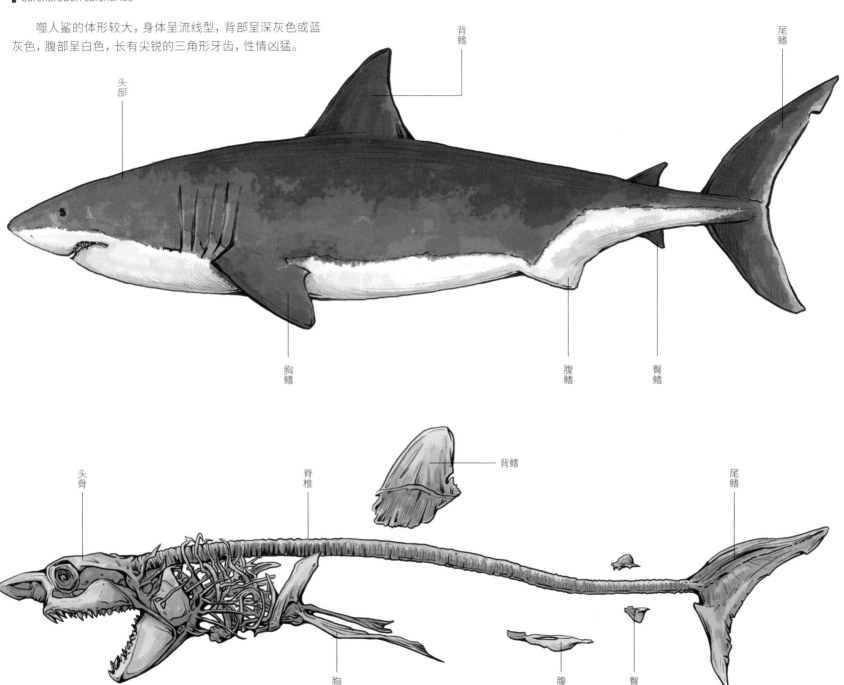

背鳍

尾鳍

头部

胸鳍

腹鳍

臀鳍

头骨

脊椎

背鳍

尾鳍

胸鳍

腹鳍

臀鳍

鲸鲨

科目 须鲨目鲸鲨科

别称 豆腐鲨、大憨鲨

Rhincodon typus

鲸鲨体形庞大，体表分布着浅色的条带，在海水的映衬下显得格外优美。

鲸鲨的骨骼与噬人鲨的较为相似，因此这里仅做外形展示。

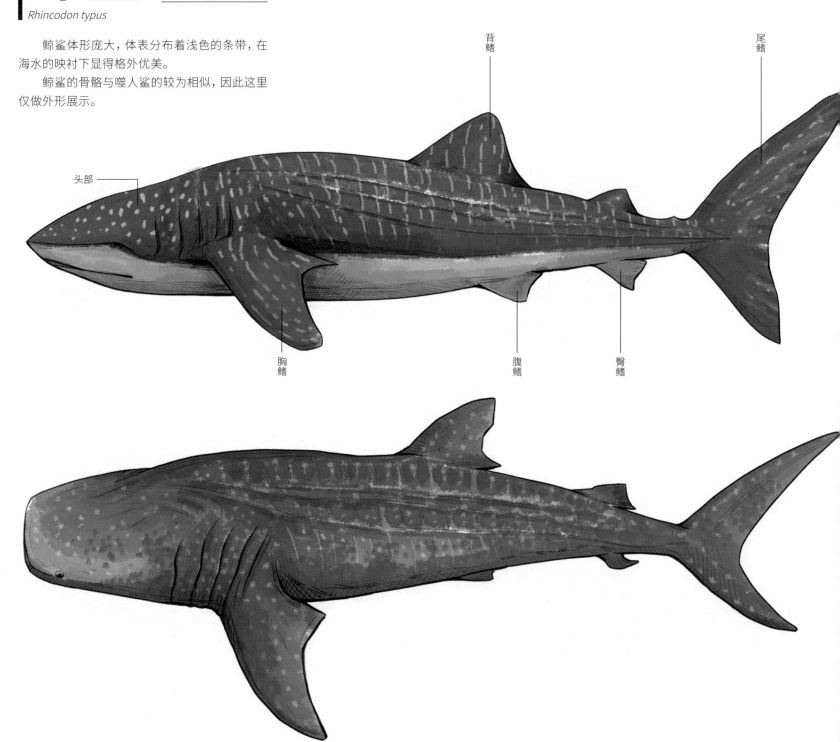

背鳍

尾鳍

头部

胸鳍

腹鳍

臀鳍

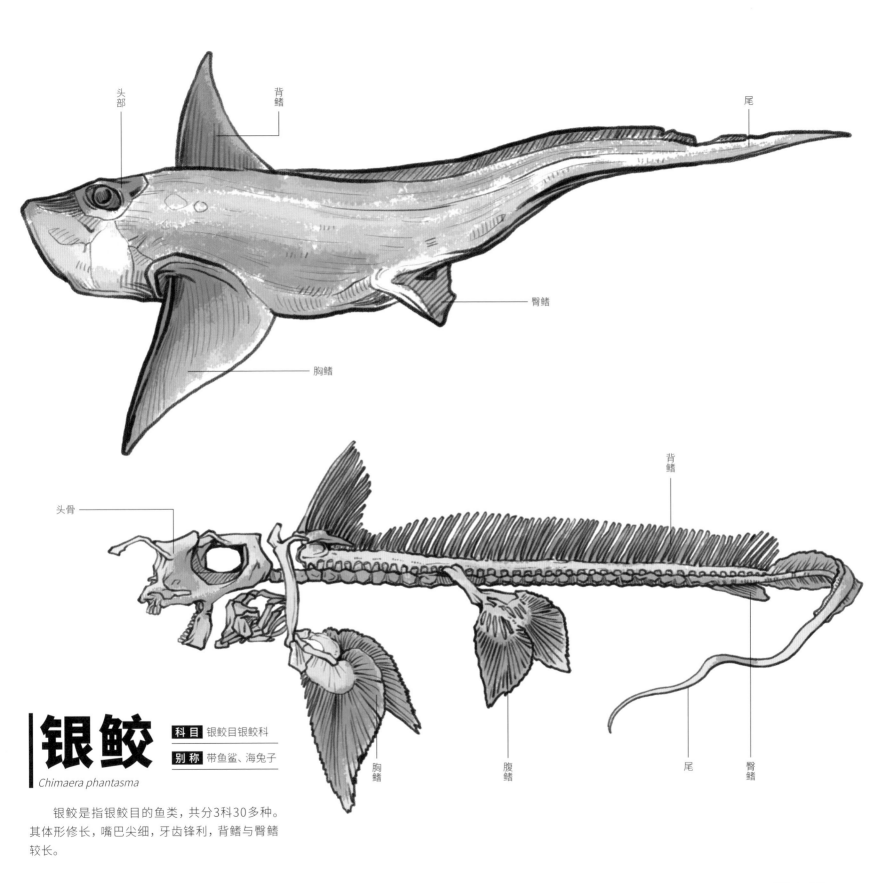

头部

背鳍

尾

臀鳍

胸鳍

头骨

背鳍

胸鳍

腹鳍

尾

臀鳍

银鲛

科 目 银鲛目银鲛科

别 称 带鱼鲨、海兔子

Chimaera phantasma

　　银鲛是指银鲛目的鱼类，共分3科30多种。其体形修长，嘴巴尖细，牙齿锋利，背鳍与臀鳍较长。

鮣鱼

yìn

Echeneis naucrates

科目 鲈形目鮣科

别称 印头鱼、吸盘鱼

鮣鱼因附着于大鱼（如鲨鱼）的身上而得名，其体形细长，体表有细鳞片覆盖，体色多为银灰色或浅黄色，头部较小。

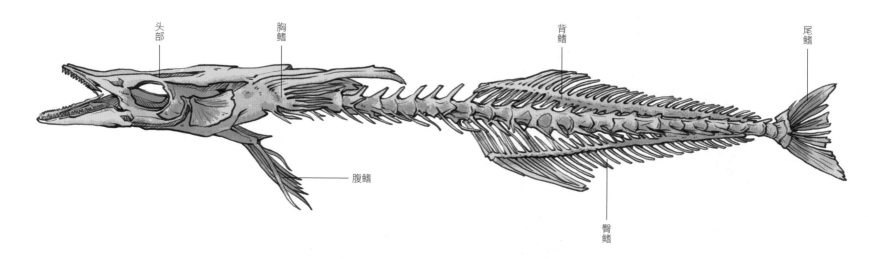

头部   胸鳍   背鳍   尾鳍

腹鳍   臀鳍

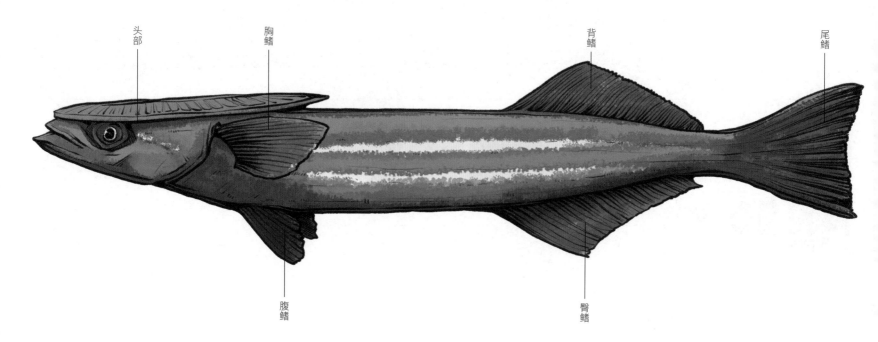

头部   胸鳍   背鳍   尾鳍

腹鳍   臀鳍

瑞氏红鲂鮄

fáng fú

科目 鲉形目黄鲂鮄科

别称 龙角鱼

Satyrichthys rieffeli

瑞氏红鲂鮄体侧扁平，头部小而圆；眼睛较大，位于上颌骨中央位置；体表带有不规则的褐色斑点。

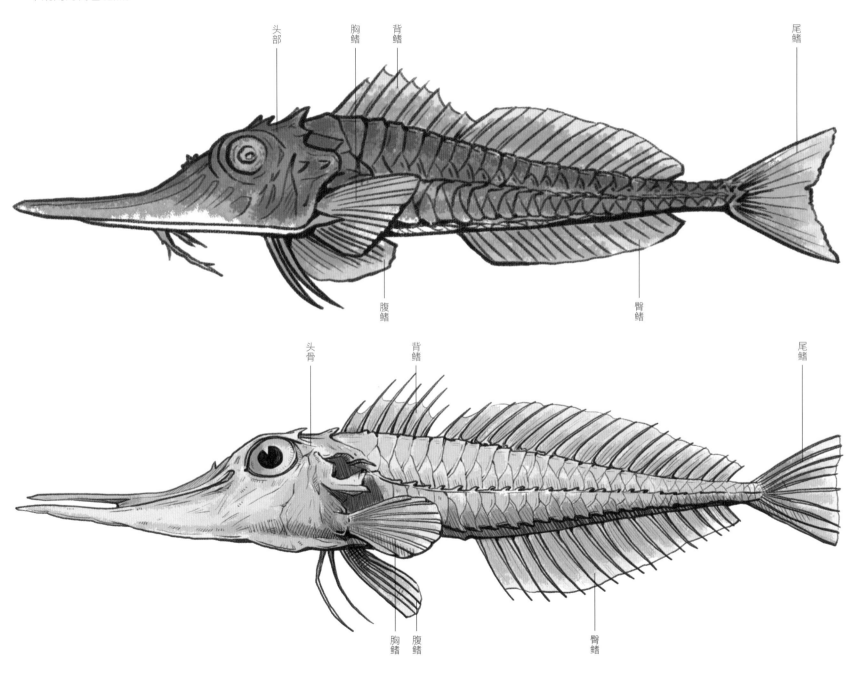

头部　　胸鳍　背鳍　　　　　　　　　　　　　　尾鳍

腹鳍　　　　　　　　　　　臀鳍

头骨　　　　背鳍　　　　　　　　　　　　　　尾鳍

胸鳍　腹鳍　　　　　　臀鳍

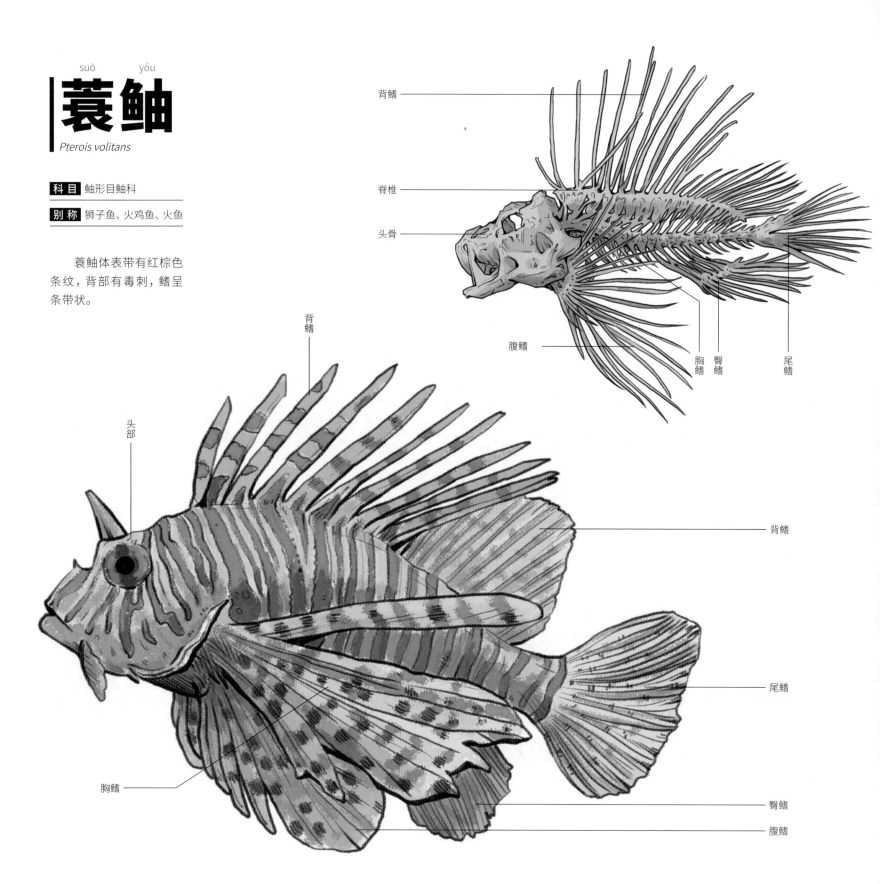

蓑鲉

Pterois volitans

科目 鲉形目鲉科

别称 狮子鱼、火鸡鱼、火鱼

蓑鲉体表带有红棕色条纹，背部有毒刺，鳍呈条带状。

背鳍

脊椎

头骨

腹鳍

胸鳍

臀鳍

尾鳍

背鳍

头部

背鳍

尾鳍

胸鳍

臀鳍

腹鳍

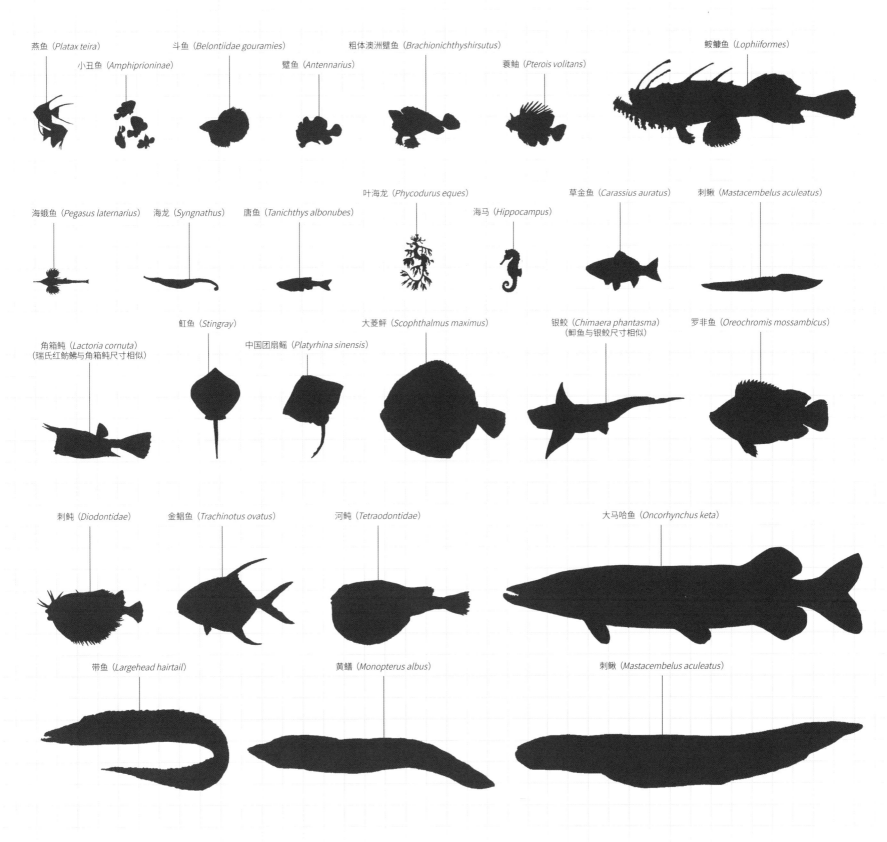

燕鱼（*Platax teira*）

小丑鱼（*Amphiprioninae*）

斗鱼（*Belontiidae gouramies*）

躄鱼（*Antennarius*）

粗体澳洲躄鱼（*Brachionichthyshirsutus*）

蓑鲉（*Pterois volitans*）

鮟鱇鱼（*Lophiiformes*）

海蛾鱼（*Pegasus laternarius*）

海龙（*Syngnathus*）

唐鱼（*Tanichthys albonubes*）

叶海龙（*Phycodurus eques*）

海马（*Hippocampus*）

草金鱼（*Carassius auratus*）

刺鳅（*Mastacembelus aculeatus*）

角箱鲀（*Lactoria cornuta*）
（瑞氏红魢鲉与角箱鲀尺寸相似）

魟鱼（*Stingray*）

中国团扇鳐（*Platyrhina sinensis*）

大菱鲆（*Scophthalmus maximus*）

银鲛（*Chimaera phantasma*）
（鲫鱼与银鲛尺寸相似）

罗非鱼（*Oreochromis mossambicus*）

刺鲀（*Diodontidae*）

金鲳鱼（*Trachinotus ovatus*）

河鲀（*Tetraodontidae*）

大马哈鱼（*Oncorhynchus keta*）

带鱼（*Largehead hairtail*）

黄鳝（*Monopterus albus*）

刺鳅（*Mastacembelus aculeatus*）

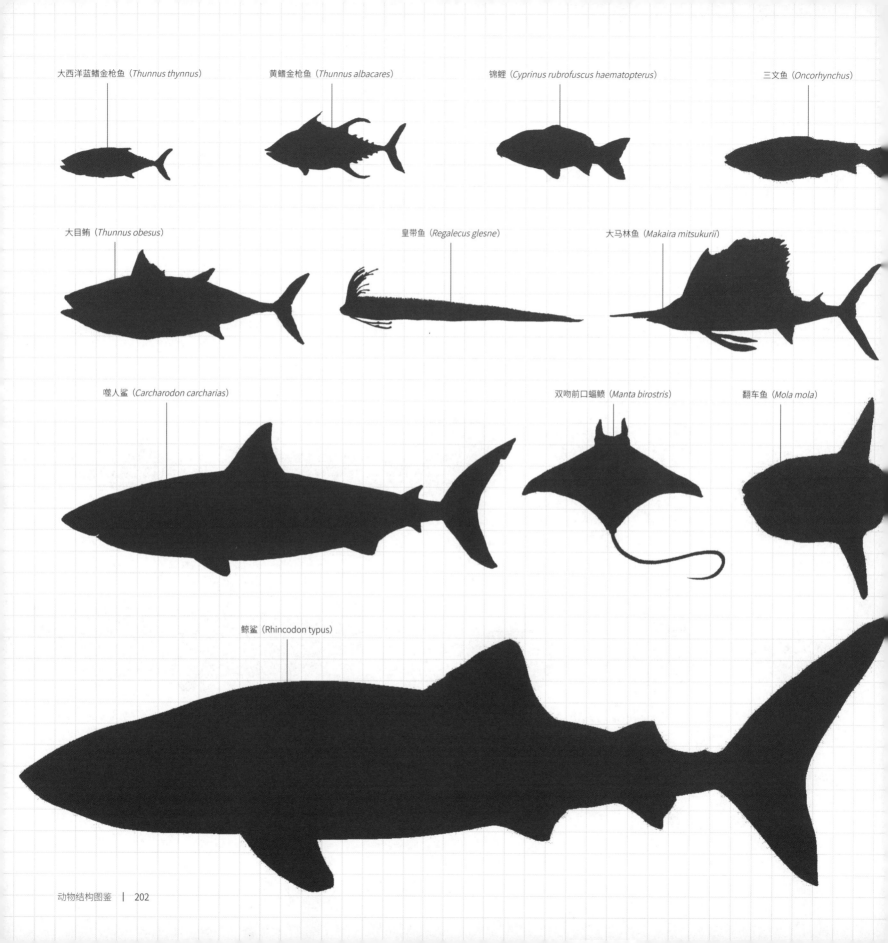

大西洋蓝鳍金枪鱼（*Thunnus thynnus*）

黄鳍金枪鱼（*Thunnus albacares*）

锦鲤（*Cyprinus rubrofuscus haematopterus*）

三文鱼（*Oncorhynchus*）

大目鲔（*Thunnus obesus*）

皇带鱼（*Regalecus glesne*）

大马林鱼（*Makaira mitsukurii*）

噬人鲨（*Carcharodon carcharias*）

双吻前口蝠鲼（*Manta birostris*）

翻车鱼（*Mola mola*）

鲸鲨（*Rhincodon typus*）

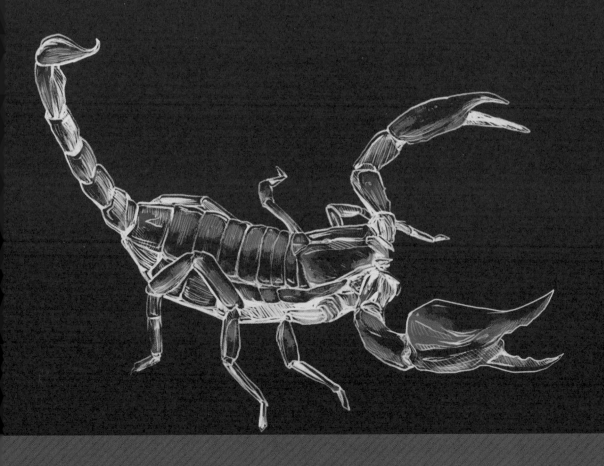

节肢类

第 5 章

十七年蝉

Magicicada septendecim

科 目 同翅目蝉科

别 称 布鲁德蝉

　　十七年蝉在地下蛰伏17年后才破土而出，因此得名。蝉的整体呈黑色，翅膀呈半透明的褐色，翅膀上有脉络，眼睛是红色的。

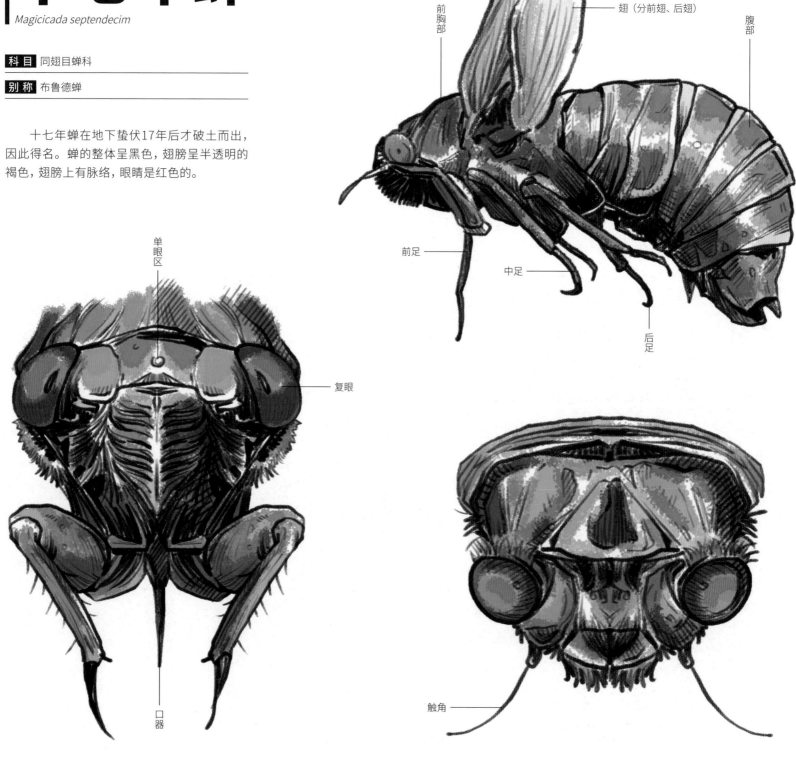

前胸部

翅（分前翅、后翅）

腹部

前足

中足

后足

单眼区

复眼

口器

触角

» 若虫期

» 成虫期

黑尾胡蜂

Vespa ducalis

科 目 膜翅目胡蜂科

别 称 双金环虎头蜂

黑尾胡蜂身体一般呈黑黄两色，长有一对复眼和一对触角。腹部有明显的黑黄环纹，腹部末端有刺针，具有较强的毒性。

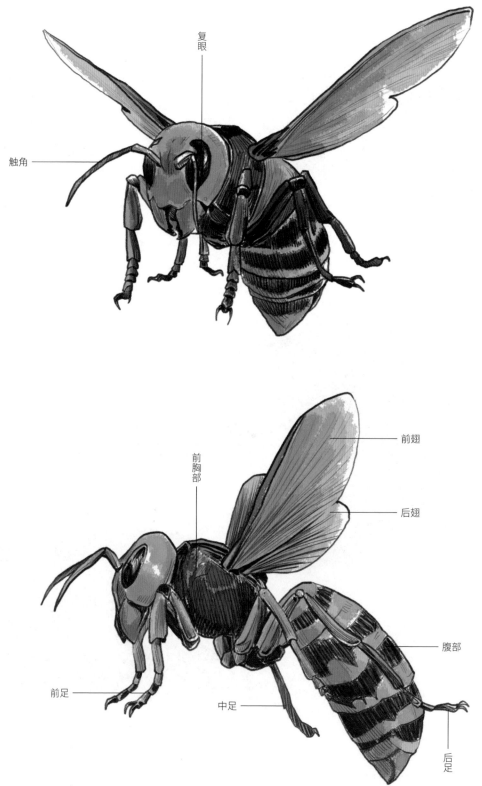

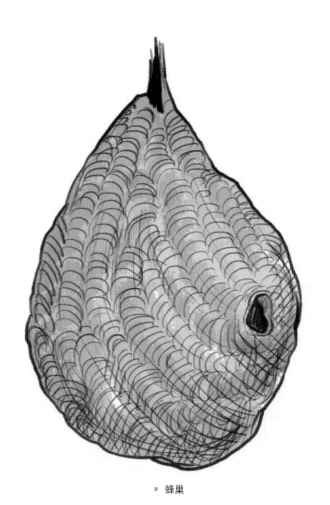

» **蜂巢**

意大利蜜蜂

Apis mellifera ligustica

科目 膜翅目蜜蜂科

别称 意蜂

意大利蜜蜂是一种比较温顺的蜜蜂，身体颜色相比于黑尾胡蜂较浅，胸部通常呈黄色或浅黄色，腹部具有黑黄相间的环带。

» 熊蜂

» 蜂后

» 工蜂

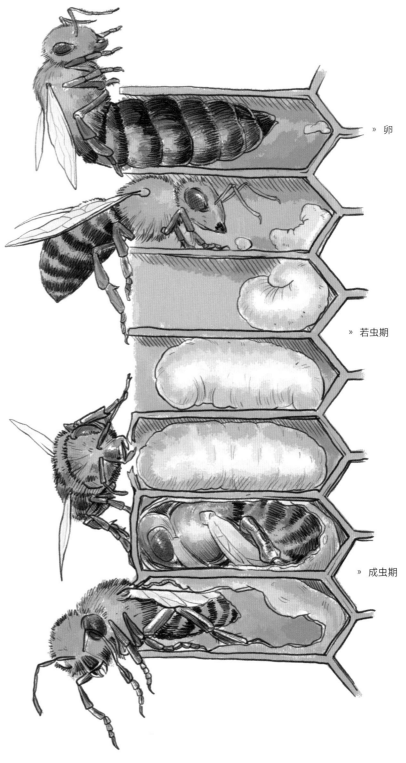

» 卵

» 若虫期

» 成虫期

粗钩春蜓

Ictinogomphus rapax

科 目 蜻蛉目春蜓科

别 称 无

　　粗钩春蜓是一种比较常见的蜻蜓，雄虫头宽，复眼较大且突出，翅膀呈半透明状且带有色斑；腹部末端呈扇叶状突起且呈黑色。雌虫腹部黄色斑较发达，整体而言雌雄差异不大。

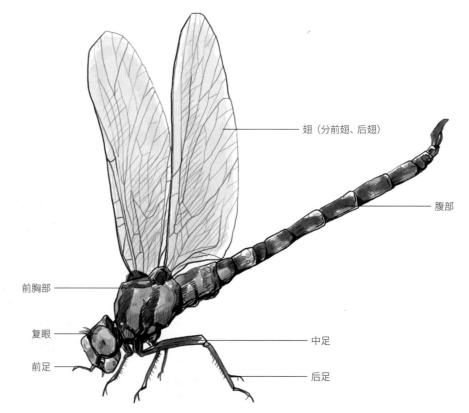

翅（分前翅、后翅）

腹部

前胸部

复眼

前足

中足

后足

 » 若虫期

 » 成虫期

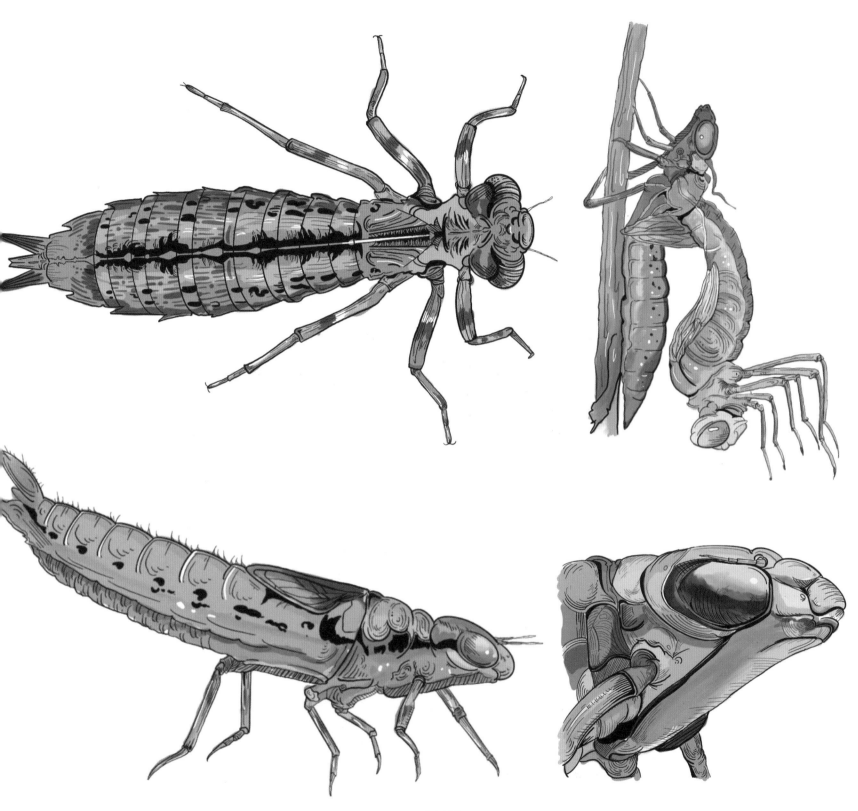

» 幼虫细节

中华大刀螂

Paratenodera sinensis saussure

科 目 螳螂目螳螂科

别 称 大刀螳螂

中华大刀螂身体颜色为黄绿色或棕色，三角形头，复眼大且突出，口器复杂。前足发达，具有强大的捕食和抓握能力。

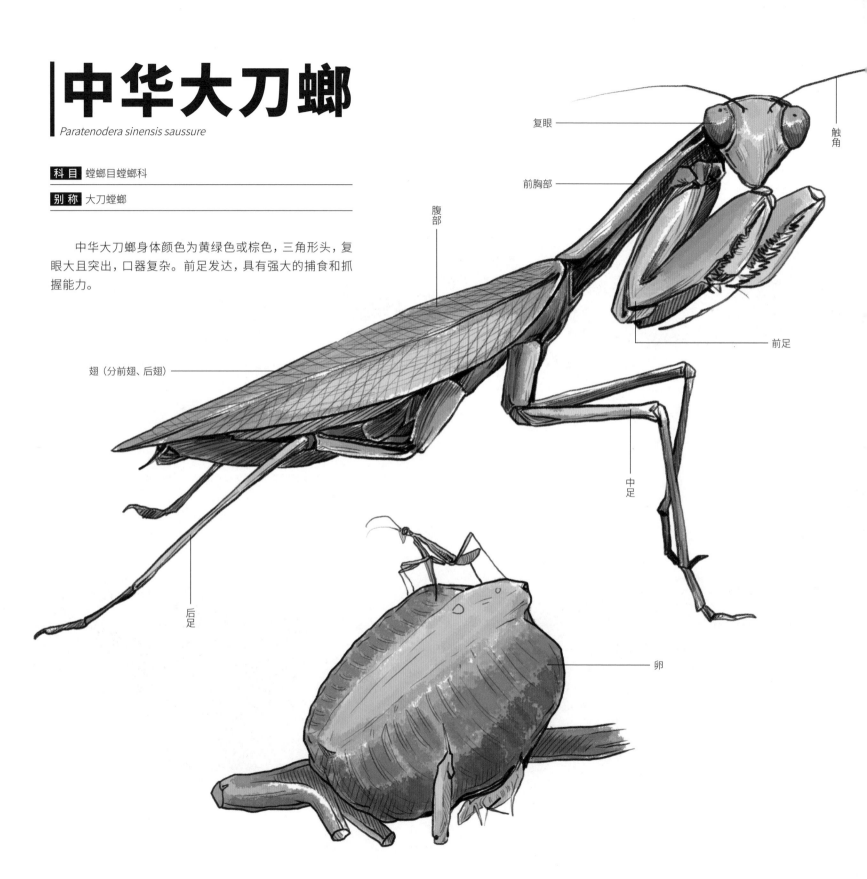

复眼

触角

前胸部

前足

腹部

翅（分前翅、后翅）

中足

后足

卵

螨螂的头部长有复眼，能够很好地感知周围环境；前足非常发达，拥有锋利的刺和弯曲的足齿，可以迅速捕捉猎物。

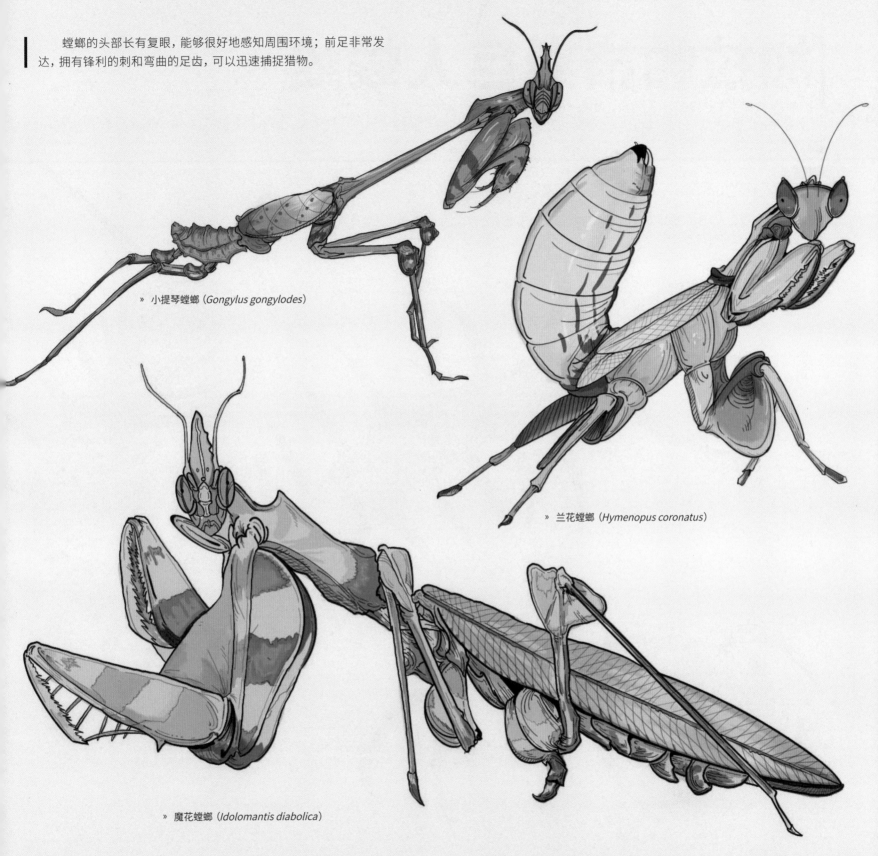

» 小提琴螨螂（*Gongylus gongylodes*）

» 兰花螨螂（*Hymenopus coronatus*）

» 魔花螨螂（*Idolomantis diabolica*）

加拉帕格斯巨人蜈蚣

Scolopendra galapagoensis

科 目 蜈蚣目蜈蚣科

别 称 无

　　加拉帕格斯巨人蜈蚣，身体由多个环节组成，每个环节都有一对足，足上有毒爪。身体颜色为红褐色或黄褐色，有时带有灰色斑点。

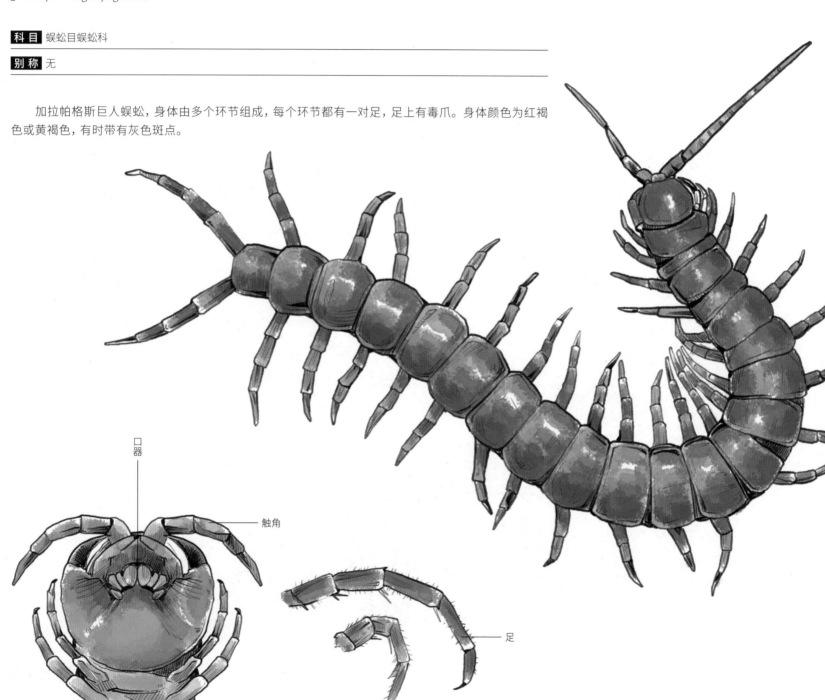

口器

触角

足

彼得异蝎

科 目 蝎目细尾蝎科

别 称 亚洲雨林蝎

Heterometrus petersii

彼得异蝎整体颜色通常为浅黄色或浅棕色，背部带有深色条纹或斑点。较大的钳有助于其捕获猎物。尾巴细长且带有棕色或黑色环纹，尾端有毒刺。

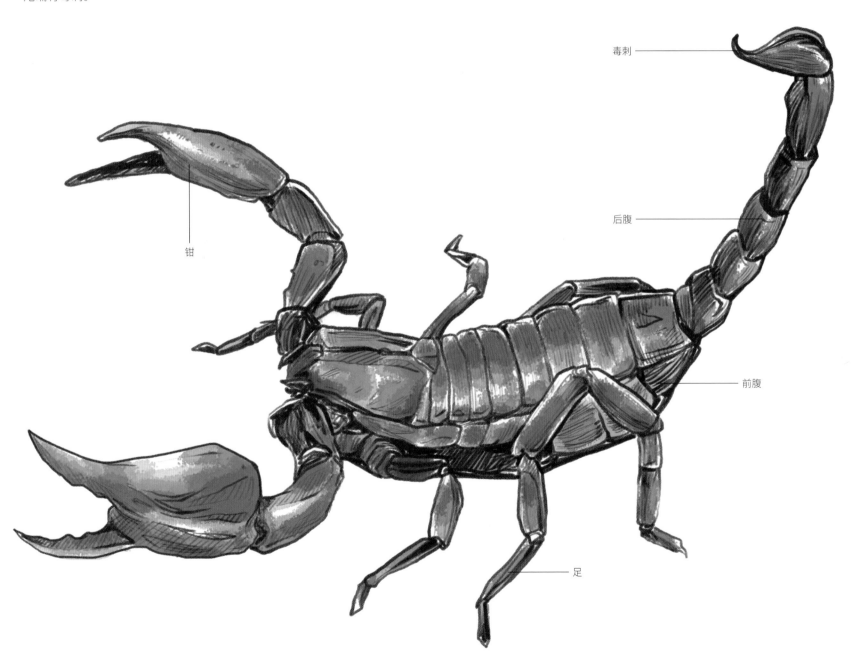

钳

毒刺

后腹

前腹

足

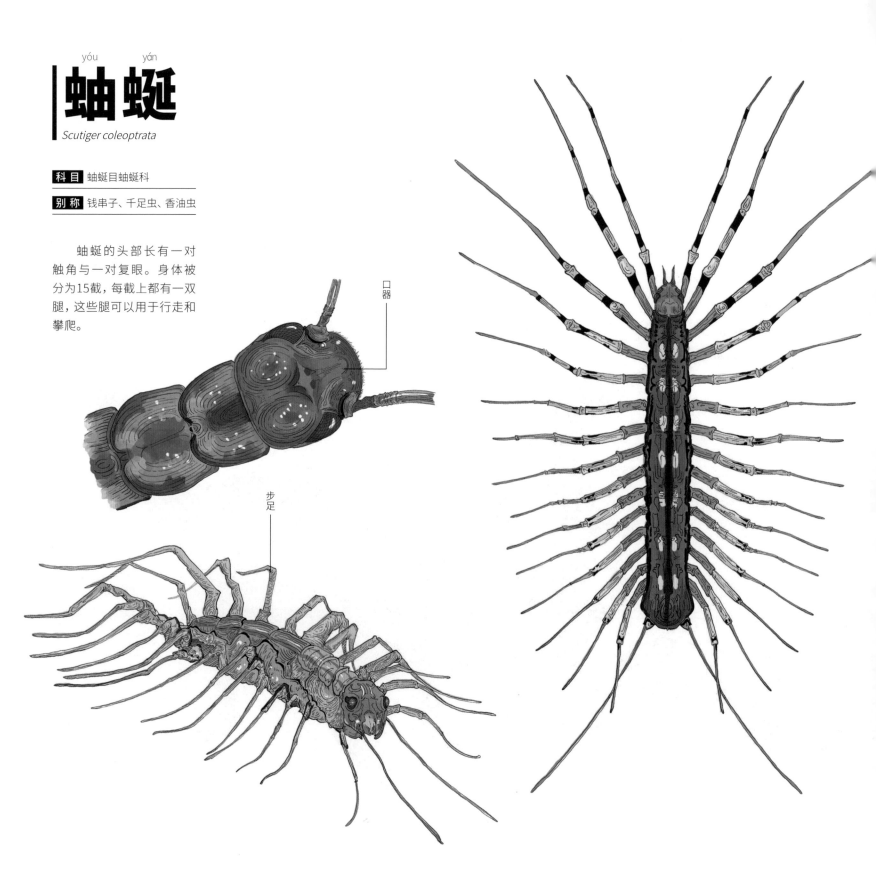

蚰蜒

yóu yán

Scutiger coleoptrata

科 目 蚰蜒目蚰蜒科

别 称 钱串子、千足虫、香油虫

蚰蜒的头部长有一对触角与一对复眼。身体被分为15截，每截上都有一双腿，这些腿可以用于行走和攀爬。

口器

步足

秘鲁黑白侏儒
老虎尾捕鸟蛛

Cyriocosmus ritae

科目 蜘蛛目捕鸟蛛科

别称 捕鸟蛛

秘鲁黑白侏儒老虎尾捕鸟蛛身体短小而厚实，呈卵圆形，表面长有绒毛，具有较强的捕猎能力和毒性。

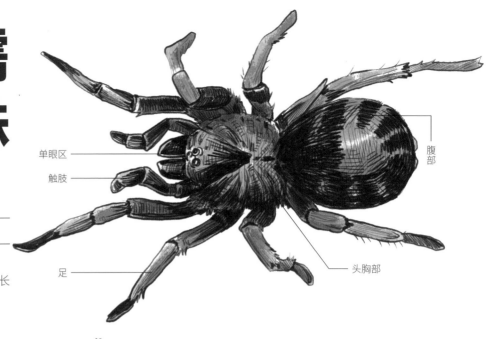

单眼区

触肢

足

腹部

头胸部

棒络新妇

Nephila clavata

科 目 蜘蛛目肖蛸科

别 称 络新妇、横带人面蜘蛛、女郎蜘蛛

　　棒络新妇是一类用网捕食害虫的益虫，其腹部背面呈长卵圆形，具有蓝绿色横带，腹部侧面呈黄色，并带有一些不规则的浅黑褐色斜条斑纹。

» 腹部面

» 正面

蜘蛛没有内骨骼，它们的身体支撑全靠外骨骼和肌肉，通常长有8条腿，没有翅膀，因此不能飞行，但是它们可以通过织网来将自己悬挂在空中。

» 非洲跳蛛脸部细节

» 黑寡妇（*Latrodectus*）

» 沟纹硬皮地蛛（*Calommata signata karsch*）

» 白额巨蟹蛛（*Heteropoda venatoria*）

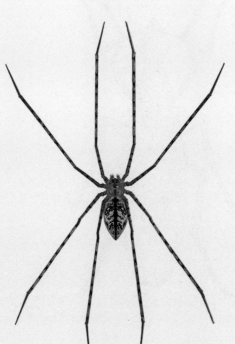

» 幽灵蛛（*Pholcus opilionoides*）

» 漏斗蛛（*Funnel weaver*）

中华小家蚁

Monomorium chinense

科目 膜翅目蚁科

别称 无

中华小家蚁是一种较为常见的家蚁,通常体色为褐色或黑褐色。一个蚁群中存在着不同的蚂蚁个体,有负责繁殖的繁殖蚁,有负责保卫和防御的兵蚁,有负责筑巢、觅食、清理等工作的工蚁,还有负责产卵和繁衍后代的蚁后,它们相互配合、分工合作,形成了高度有序的社会结构。

» 蚁后

» 有翅繁殖蚁

» 兵蚁

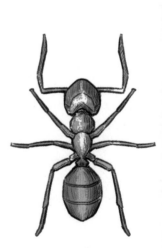

» 工蚁

长戟大兜虫

Dynastes hercules

科 目 鞘翅目金龟总科

别 称 赫拉克勒斯、大力神甲虫

长戟大兜虫体形较大，其头部、胸部、腹部差异明显，体表有硬壳保护，通常呈黑色或棕色，并带有光泽。

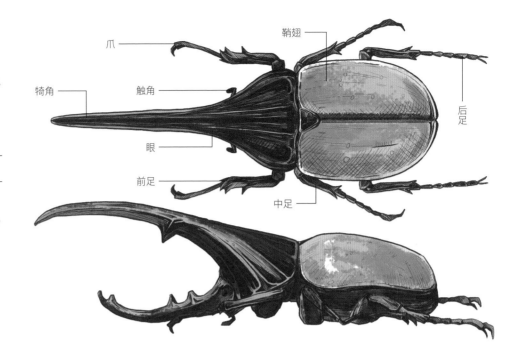

爪　　鞘翅　　触角　　后足　　犄角　　眼　　前足　　中足

细角疣犀金龟

Eupatorus gracilicornis

科 目 鞘翅目金龟总科

别 称 五角大兜虫

细角疣犀金龟共有5个已知亚种，分布于我国云南、广西、中南半岛一带。其背部呈鲜艳的杏黄色，前胸黑亮且背上长有4个短角，头上还有一根弯曲的犄角，形如犀牛角。

锹甲

qiāo

Lucanidae

科 目 鞘翅目锹甲科

别 称 锹形甲虫、锹形虫

锹甲是约1000种甲虫的统称，其身体颜色各不相同，有暗褐色、金黄色、铜绿色等。雄虫的上腭较为发达，形似牡鹿的角。

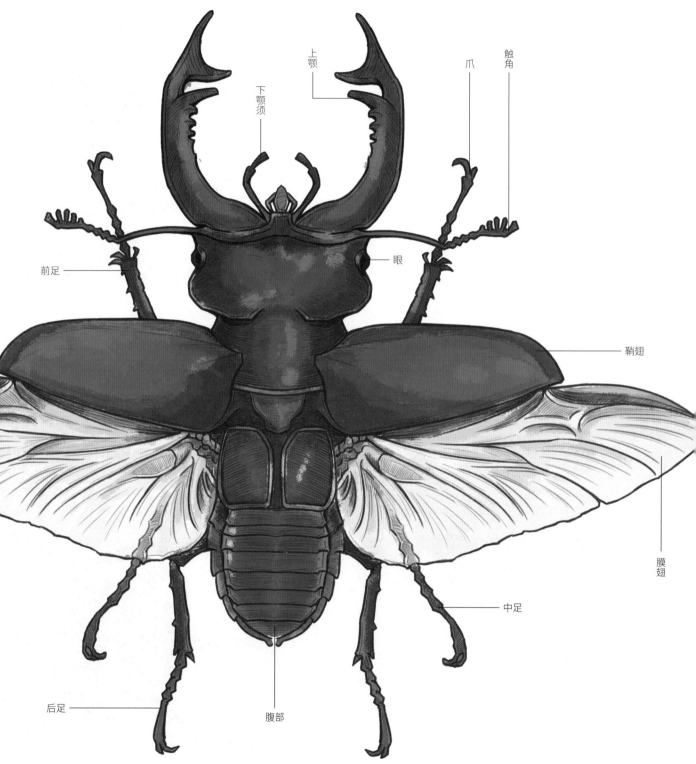

上颚

下颚须

爪

触角

前足

眼

鞘翅

膜翅

中足

后足

腹部

锹甲体形通常呈椭圆形，并且带有坚硬的外壳，头部前端长有一对小触角与一对弯曲的大颚。

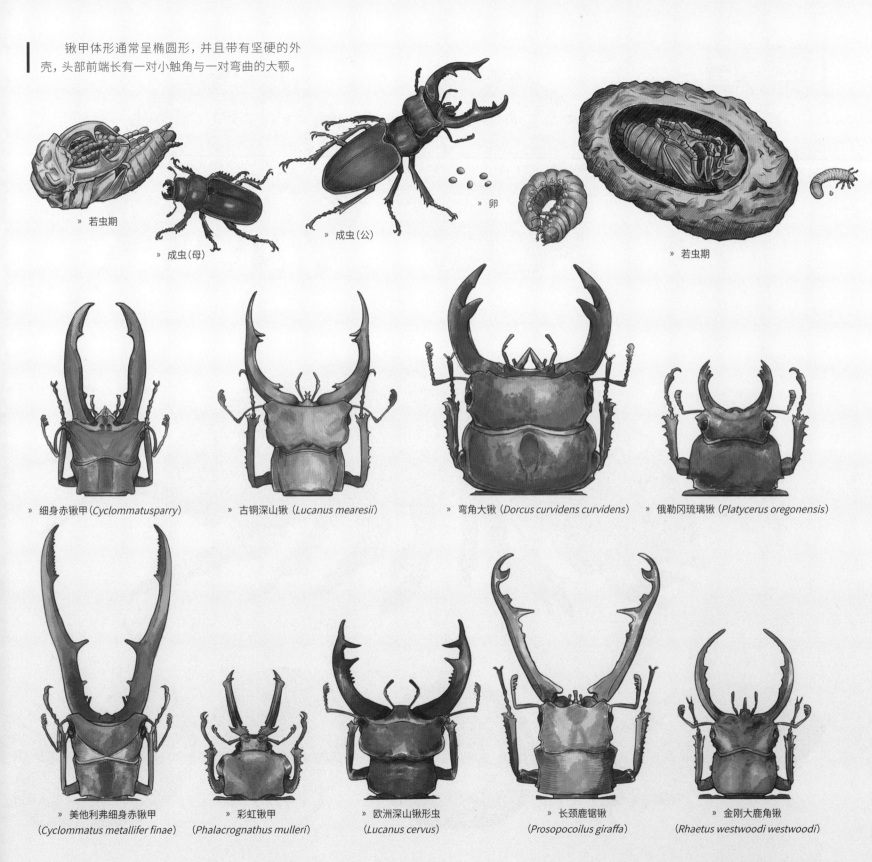

» 若虫期

» 成虫（母）

» 成虫（公）

» 卵

» 若虫期

» 细身赤锹甲（*Cyclommatus parry*）

» 古铜深山锹（*Lucanus mearesii*）

» 弯角大锹（*Dorcus curvidens curvidens*）

» 俄勒冈琉璃锹（*Platycerus oregonensis*）

» 美他利弗细身赤锹甲
（*Cyclommatus metallifer finae*）

» 彩虹锹甲
（*Phalacrognathus mulleri*）

» 欧洲深山锹形虫
（*Lucanus cervus*）

» 长颈鹿锯锹
（*Prosopocoilus giraffa*）

» 金刚大鹿角锹
（*Rhaetus westwoodi westwoodi*）

鼠妇

Armadillidium vulgare

科目 等足目潮虫科

别称 潮虫、团子虫、地虱子、西瓜虫

鼠妇是等足目、潮虫科、鼠妇属动物的俗称，全世界有150多种，分布广泛。身形呈椭圆形，表面带有光泽，能够蜷曲成球形。

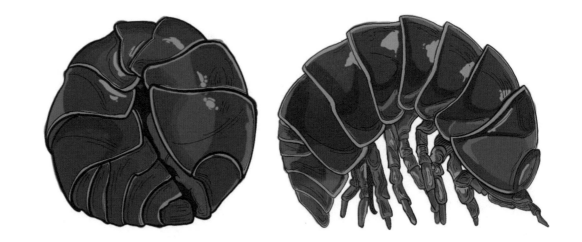

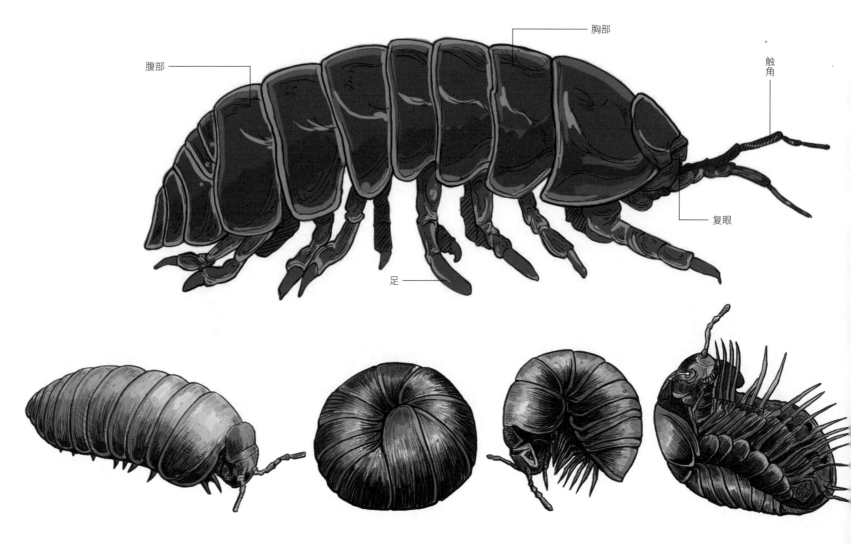

腹部　　　　胸部　　触角

复眼

足

鼠妇体形较小,颜色多为灰褐色或深褐色,擅长跳跃、攀爬和匍匐前进,喜欢栖息在潮湿的环境中,如泥土中、树皮上、落叶上等。

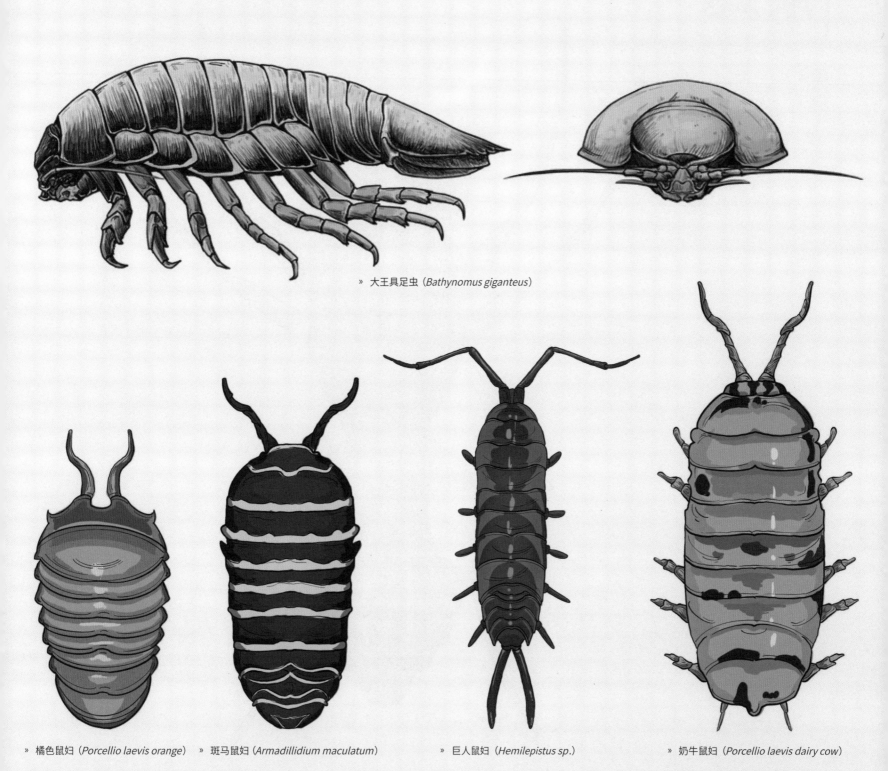

» 大王具足虫 (*Bathynomus giganteus*)

» 橘色鼠妇 (*Porcellio laevis orange*) » 斑马鼠妇 (*Armadillidium maculatum*)　　　» 巨人鼠妇 (*Hemilepistus sp.*)　　　» 奶牛鼠妇 (*Porcellio laevis dairy cow*)

果蝇

Drosophilid

科 目 双翅目果蝇科

别 称 无

果蝇身体呈灰黑色，翅膀呈半透明的浅灰色，头部长有一对大复眼，胸部有三对足、两对翅膀。

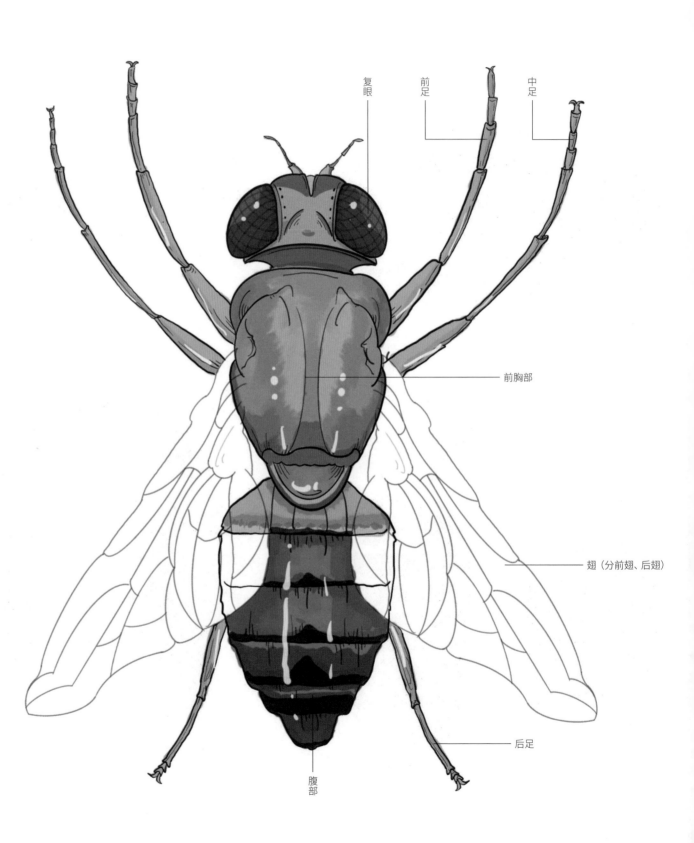

复眼

前足

中足

前胸部

翅（分前翅、后翅）

后足

腹部

蝇的头部都较为宽大，具有触角和口器，并且拥有一对复眼。身体
较为细长，有前翅和后翅，翅上均有脉络。

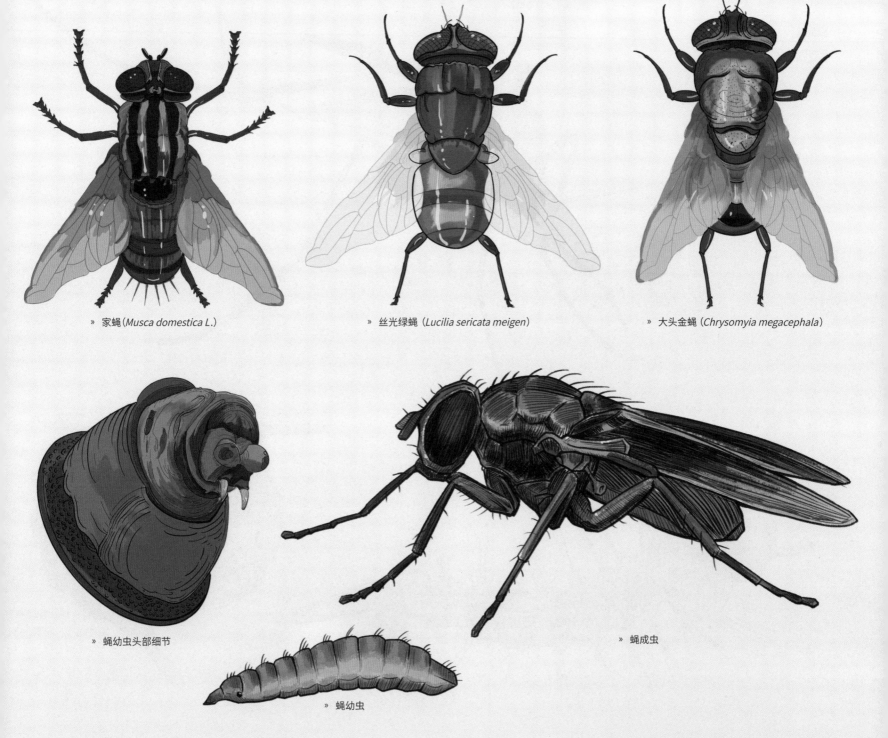

» 家蝇（*Musca domestica L.*）

» 丝光绿蝇（*Lucilia sericata meigen*）

» 大头金蝇（*Chrysomyia megacephala*）

» 蝇幼虫头部细节

» 蝇成虫

» 蝇幼虫

库蚊

Culex

科目 双翅目蚊科

别称 无

库蚊是库蚊属中若干物种的总称。它们大多身体呈灰色或棕色，翅膀透明且具有黑色斑点，腿长而细。

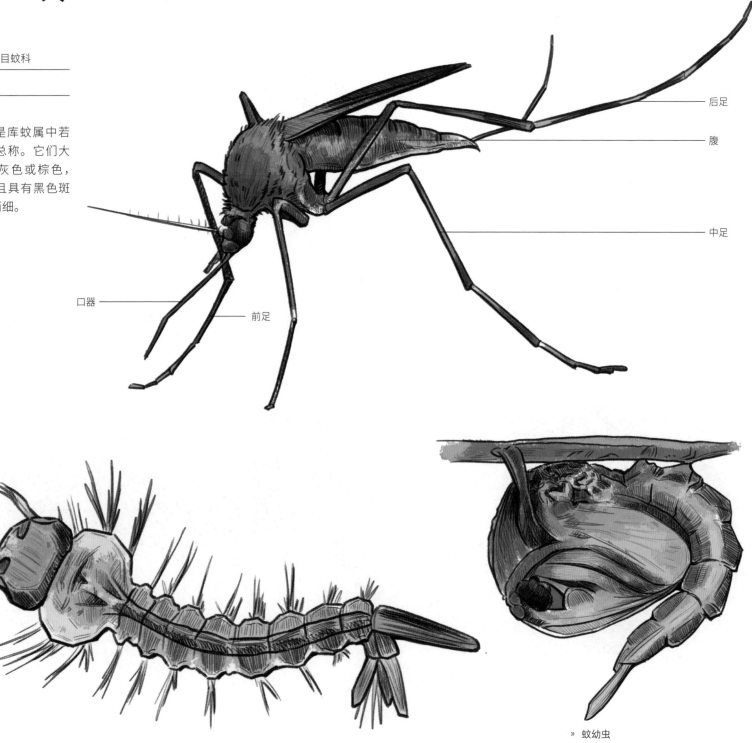

后足

腹

中足

口器

前足

» 蚊幼虫

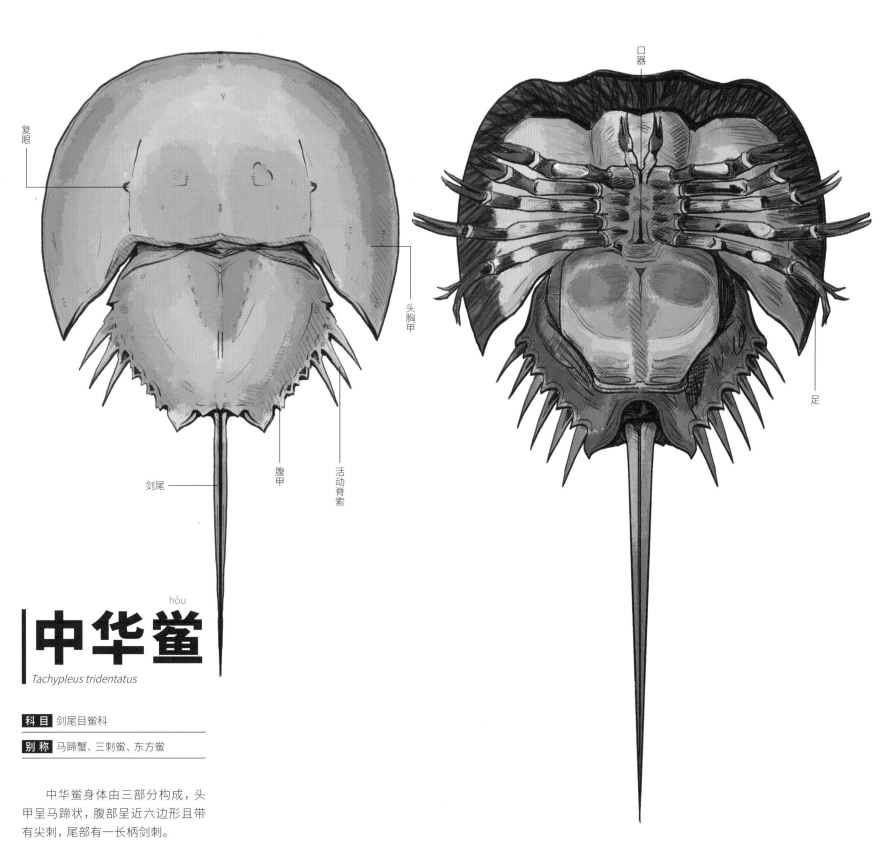

复眼

头胸甲

腹甲

活动脊索

剑尾

口器

足

hòu

中华鲎

Tachypleus tridentatus

科 目 剑尾目鲎科

别 称 马蹄蟹、三刺鲎、东方鲎

　　中华鲎身体由三部分构成，头甲呈马蹄状，腹部呈近六边形且带有尖刺，尾部有一长柄剑刺。

南美白对虾

Litopenaeus vannamei

科 目 十足目对虾科

别 称 凡纳对虾、白肢虾

　　南美白对虾是目前较为常见的食用虾品种之一，其体形修长，背部呈浅青灰色，腹部白色或淡黄色。头部有两对触角，一对较长，一对较短。

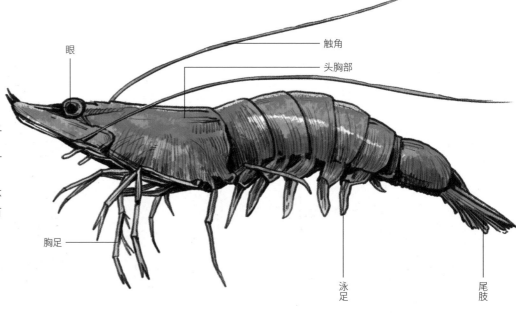

眼

触角

头胸部

胸足

泳足

尾肢

螯虾

 áo

Cambarus

科 目 十足目螯虾科

别 称 无

　　螯虾是十足目、螯虾次目中淡水种类的统称。它们身体呈扁平形，拥有一对钳状的螯肢，用于捕猎和防御。不同种类的螯虾在体形、颜色、螯肢形状等方面存在差异。

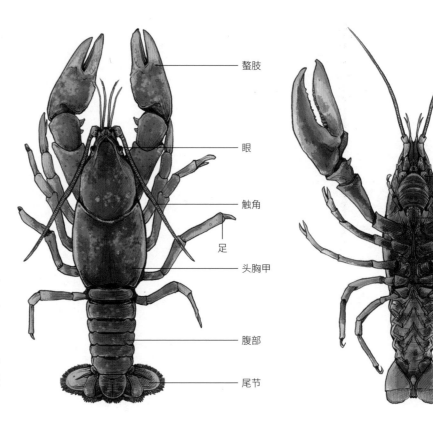

螯肢

眼

触角

足

头胸甲

腹部

尾节

排泄口

口器

生殖器

螳螂虾

Oratosquilla oratoria

科 目 口足目虾蛄科

别 称 皮皮虾

　　螳螂虾是海洋动物，在我国的南方常被称为濑尿虾，在北方则被称为皮皮虾。螳螂虾捕猎时善于埋伏，其两个锤节破坏力惊人，可轻易毁坏蟹或贝类的外壳。无论是捕食方式，还是形态都颇似陆地生物螳螂，因而得名。

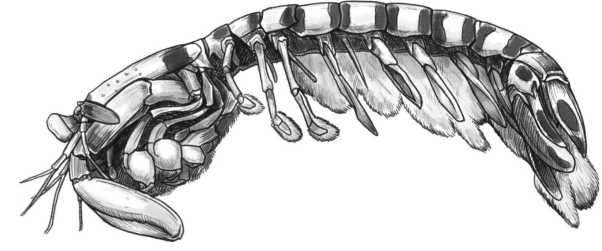

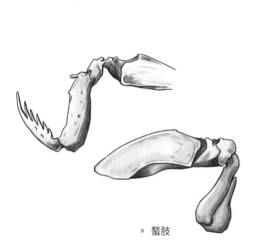

» 螯肢

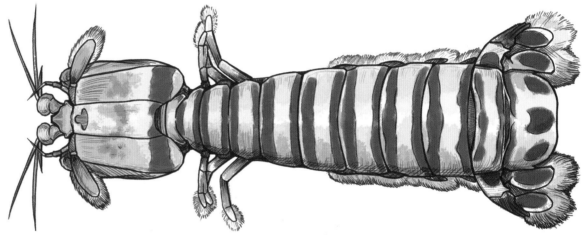

» 斑琴虾蛄（*Lysiosquillina maculata*）

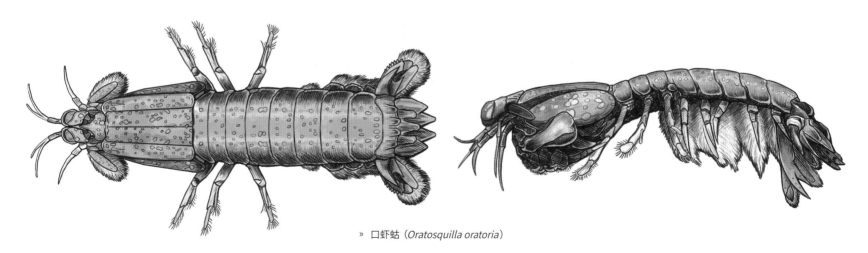

» 口虾蛄（*Oratosquilla oratoria*）

椰子蟹

科目 十足目陆寄居蟹科

别称 八卦蟹

Birgus latro

　　椰子蟹擅长爬树，因能用强壮有力的螯肢打开椰子而得名。它与短腕寄居蟹同属于陆寄居蟹科，但椰子蟹不会寻找海螺壳作为保护工具。

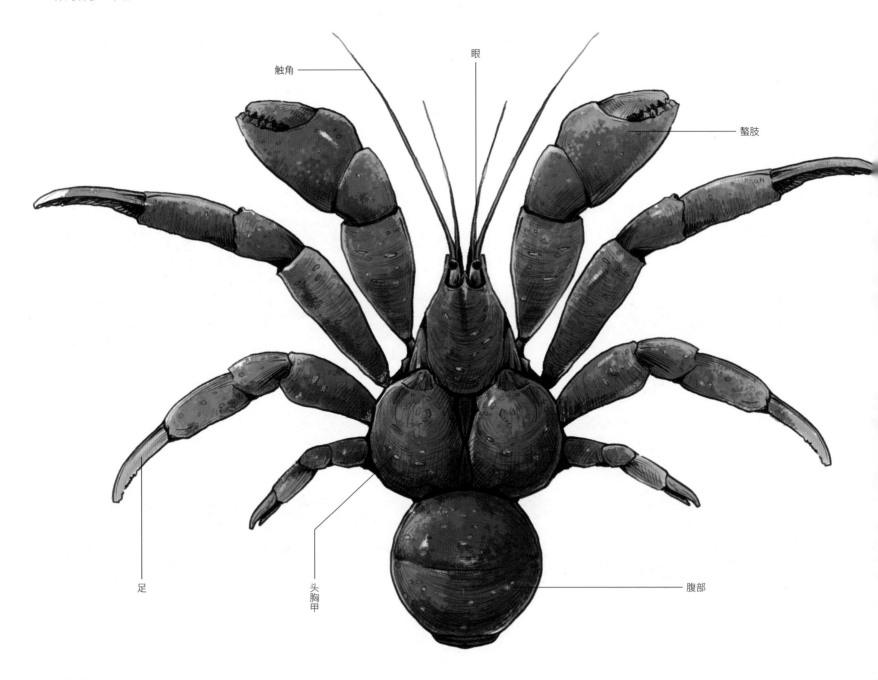

触角

眼

螯肢

足

头胸甲

腹部

短腕寄居蟹

Coenobita brevimanus

科 目 十足目陆寄居蟹科

别 称 无

短腕寄居蟹是一种大型陆寄居蟹，通常体色为紫色，也有极个别为红色。

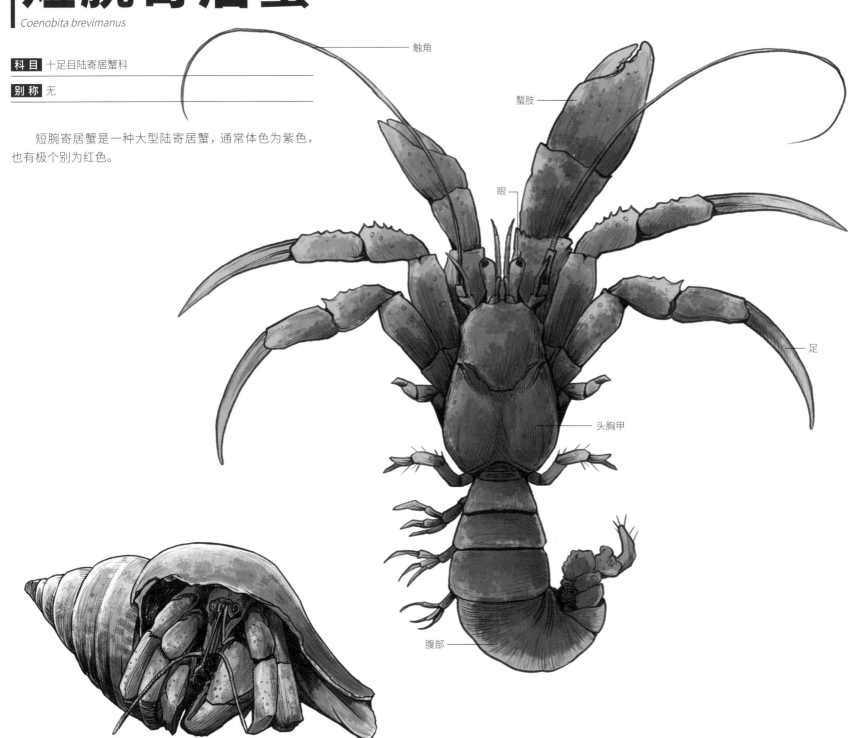

触角

螯肢

眼

足

头胸甲

腹部

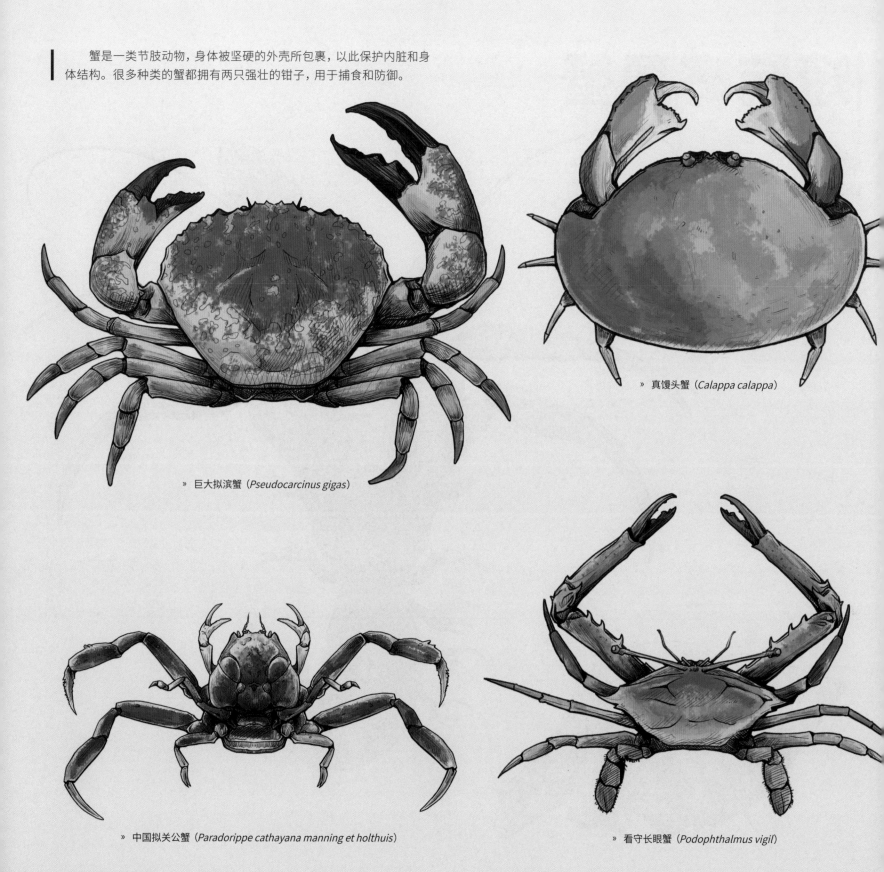

蟹是一类节肢动物，身体被坚硬的外壳所包裹，以此保护内脏和身体结构。很多种类的蟹都拥有两只强壮的钳子，用于捕食和防御。

» 真馒头蟹（*Calappa calappa*）

» 巨大拟滨蟹（*Pseudocarcinus gigas*）

» 中国拟关公蟹（*Paradorippe cathayana manning et holthuis*）

» 看守长眼蟹（*Podophthalmus vigil*）

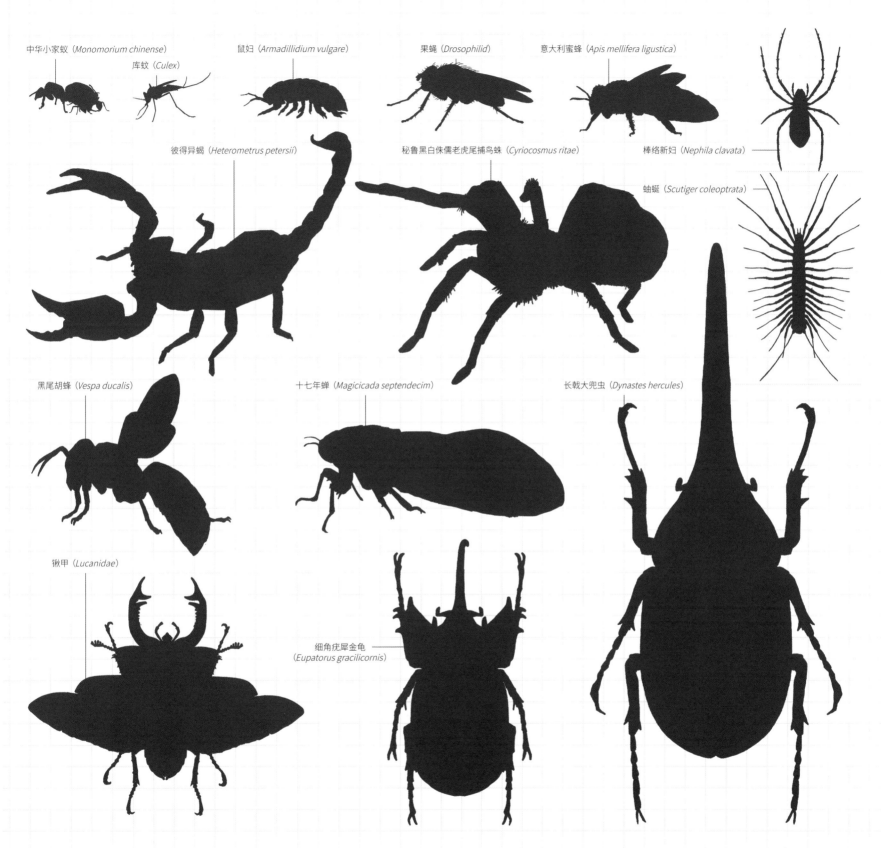

中华小家蚁（*Monomorium chinense*）

库蚊（*Culex*）

鼠妇（*Armadillidium vulgare*）

果蝇（*Drosophilid*）

意大利蜜蜂（*Apis mellifera ligustica*）

彼得异蝎（*Heterometrus petersii*）

秘鲁黑白侏儒老虎尾捕鸟蛛（*Cyriocosmus ritae*）

棒络新妇（*Nephila clavata*）

蚰蜒（*Scutiger coleoptrata*）

黑尾胡蜂（*Vespa ducalis*）

十七年蝉（*Magicicada septendecim*）

长戟大兜虫（*Dynastes hercules*）

锹甲（*Lucanidae*）

细角疣犀金龟（*Eupatorus gracilicornis*）

粗钩春蜓（*Ictinogomphus rapax*）

中华大刀螂
（*Paratenodera sinensis saussure*）

加拉帕格斯巨人蜈蚣
（*Scolopendra galapagoensis*）

螳螂虾（*Oratosquilla oratoria*）

螯虾（*Cambarus*）

南美白对虾（*Litopenaeus vannamei*）

中华鲎（*Tachypleus tridentatus*）

椰子蟹（*Birgus latro*）

短腕寄居蟹（*Coenobita brevimanus*）

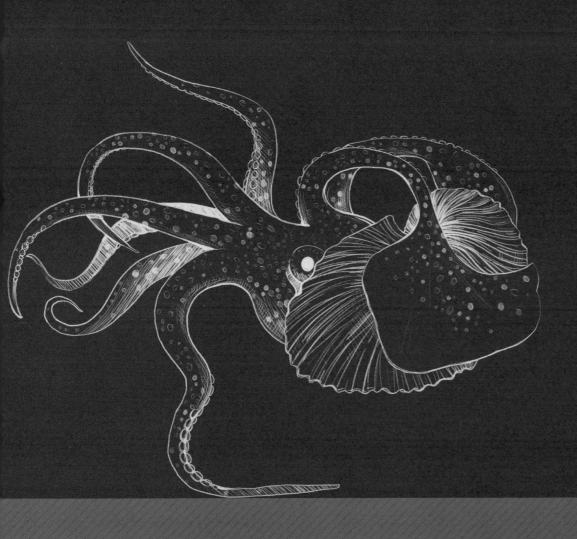

棘皮及软体类 ^{第⑥章}

海星

Asteroidea

分类 海星纲

别称 无

　　海星是棘皮动物中生理结构比较有代表性的一种。身体扁平，多呈五角星形，皮肤表面带有许多小刺和管状脚足，用于运动和捕食。

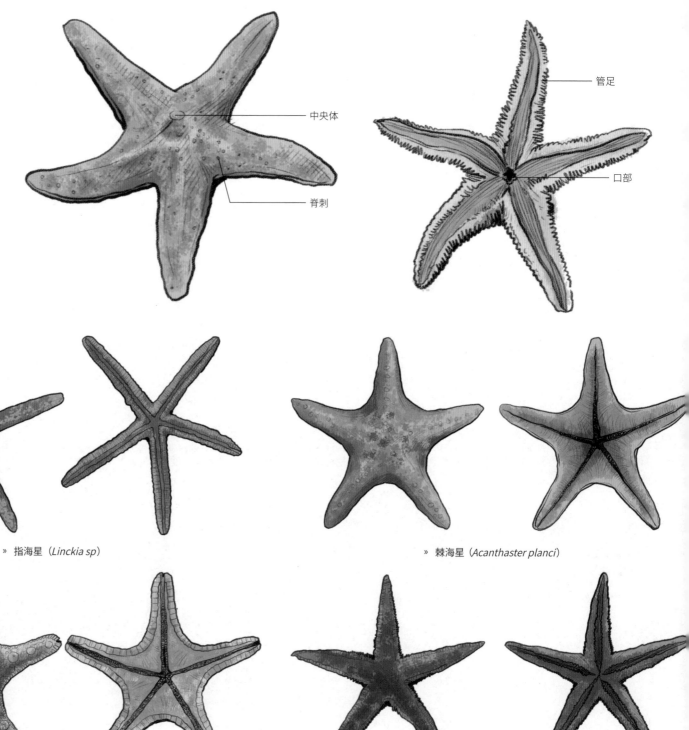

管足

中央体

口部

脊刺

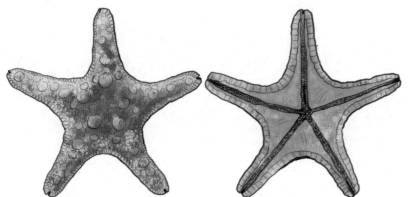

» 指海星（*Linckia sp*）

» 棘海星（*Acanthaster planci*）

» 瘤海星（*Protoreaster nodosus*）

» 镶边海星（*Craspidaster hesperus*）

海蛇尾

Ophiuroidea

分 类 蛇尾纲

别 称 蛇尾、阳遂足

海蛇尾外形与海星相似，但是腕足更加细长，有的腕足向前延伸，有的腕足向后拖动，像蛇一样弯曲前行，因此得名海蛇尾。

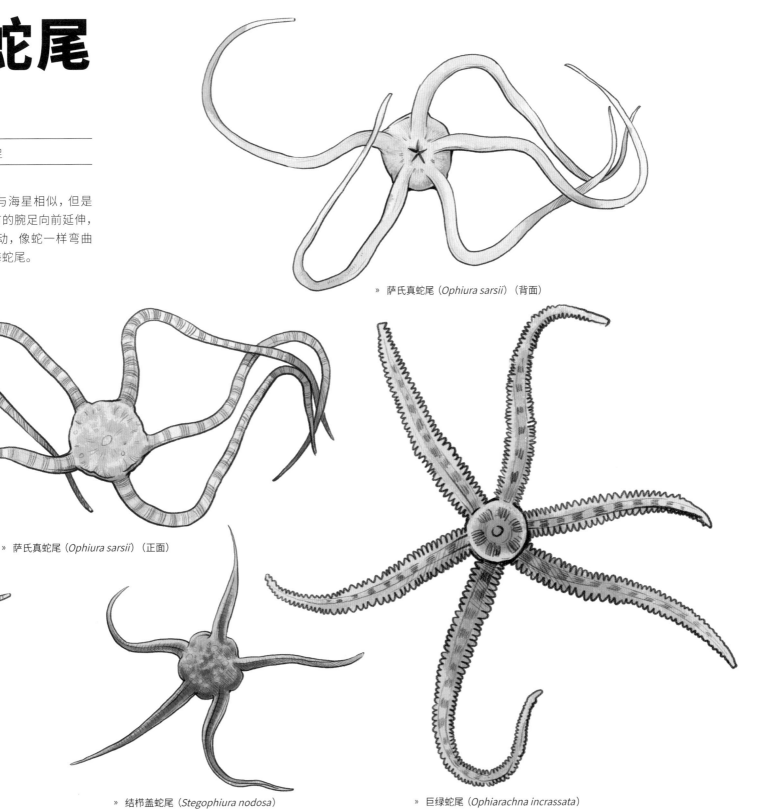

» 萨氏真蛇尾（*Ophiura sarsii*）（背面）

» 萨氏真蛇尾（*Ophiura sarsii*）（正面）

» 结栉盖蛇尾（*Stegophiura nodosa*）

» 巨绿蛇尾（*Ophiarachna incrassata*）

海胆

Echinoidea

分类 海胆纲

别称 海刺猬

海胆生活在浅海水域，内部壳大多呈球形，无腕足。外部具有长条或针状棘刺，常被用于食用或工艺品制作。

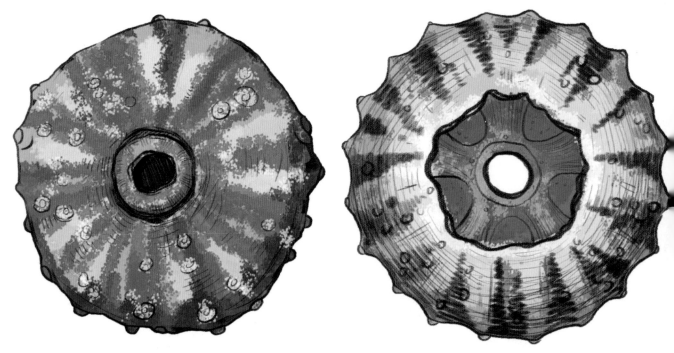

» 勋章海胆（*Coelopleurus granulatus*）（外骨骼）

» 梅氏长海胆（*Echinometra mathaei*）

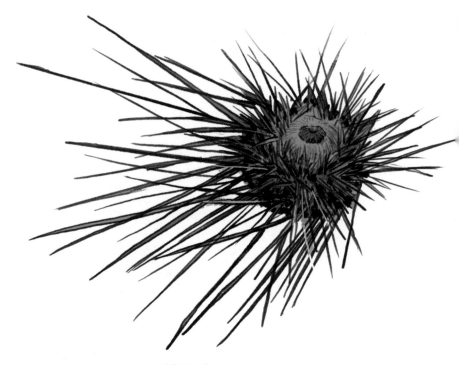

» 勋章海胆（*Coelopleurus granulatus*）（自然状态）

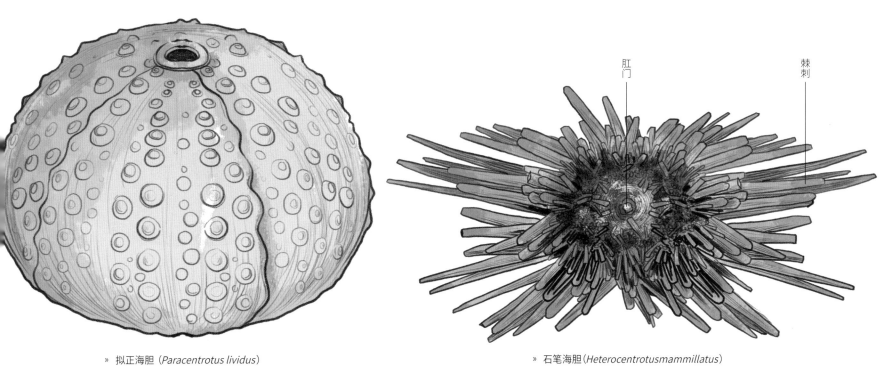

» 拟正海胆（*Paracentrotus lividus*）

肛门

棘刺

» 石笔海胆（*Heterocentrotusmammillatus*）

» 喇叭毒棘海胆（*Toxopneustes pileolus*）

» 硬囊海胆（*Hardouinia*）

海螺

Busycon canaliculatu

分 类 腹足纲

别 称 峨螺、凤螺

海螺是海生螺类的统称，其形态各异，常见的有球状、椭圆状、细长状及带有针刺的形状。

» 脓胞海兔螺（*Cypraea pustulata*）

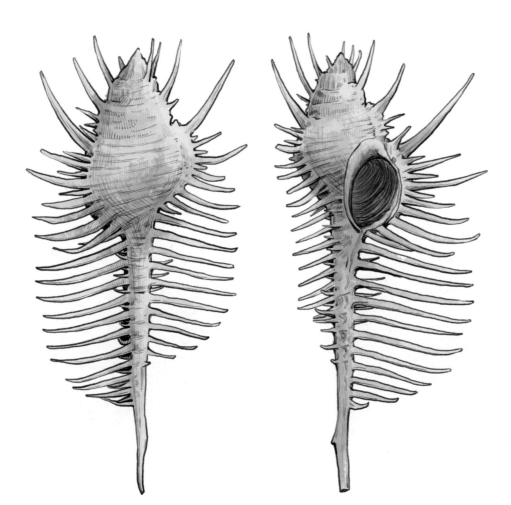

» 维纳斯骨螺（*Murex pecten*）

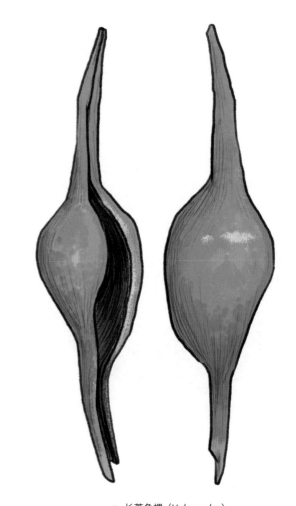

» 长菱角螺（*Volva volva*）

» 斑带鬘螺（*Phalium bisulcatum bisulcatum*）　　　　　　　　» 长鼻螺（*Tibia fusus*）　　　　　　　　» 蜘蛛螺（*Lambis lambis*）

黄金螺

Pomacea canaliculata

分 类 腹足纲

别 称 福寿螺、大瓶螺

　　黄金螺属于常见的宠物螺，因其外壳呈金黄色或淡黄色而得名。身体一般呈卵形，螺壳表面有密集的螺纹和线条，是一种色彩斑斓且美丽的螺类动物。

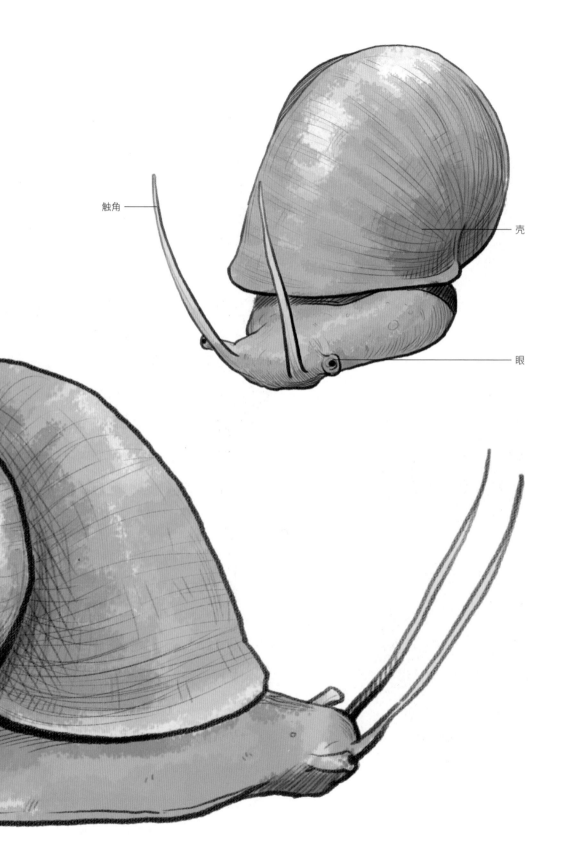

触角

壳

眼

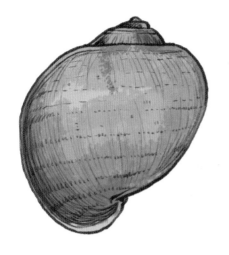

» 黄金螺（*Pomacea canaliculata*）

» 棱结螺（*Cronia margariticola*）

» 斑马宝螺（*Macrocypraea zebra zebra*）

大西洋海
神海蛞蝓

kuò   yú

Glaucus atlanticus

分 类 腹足纲

别 称 海燕、蓝龙

　　大西洋海神海蛞蝓是一种海洋软体动物，其体形较小，身体呈蓝灰色，外表有透明壳皮，闪烁着珍珠般的光泽。

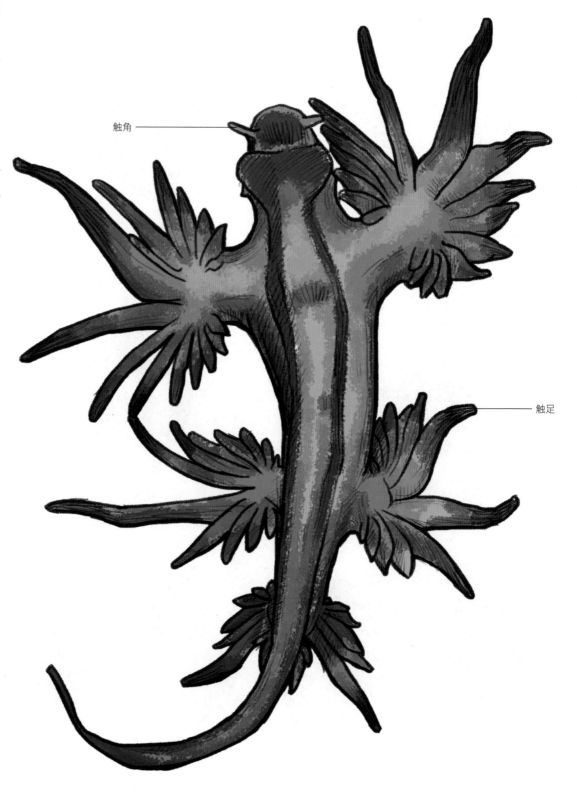

触角

触足

鹦鹉螺

Nautiloidea

分类 头足纲

别称 无

鹦鹉螺是鹦鹉螺目、鹦鹉螺科的海洋软体动物的统称。其体形较大，通常带有螺纹，包括各种斑点、条纹、波浪线、星点等，看起来十分鲜艳。

隔壁

眼

腕足

触毛

斑乌贼

Onykia carribbaea

分 类 头足纲

别 称 加勒比斑乌贼

　　斑乌贼体色一般为粉红色或黄褐色，具有黑色斑点，触腕和吸盘呈白色或浅黄色。

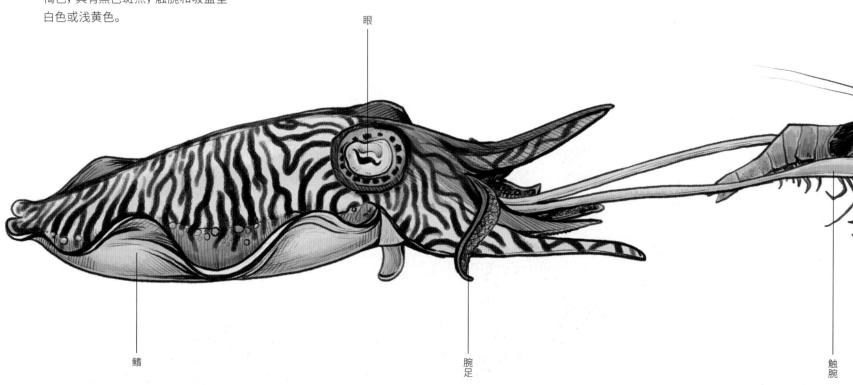

眼

鳍

腕足

触腕

枪乌贼

Loligo chinensis

分 类 头足纲

别 称 鱿鱼、句公、柔鱼

　　枪乌贼是重要的经济鱼类之一，拥有圆筒形的身体和长而尖的头部，通常背部呈灰色或棕色，腹部呈白色。

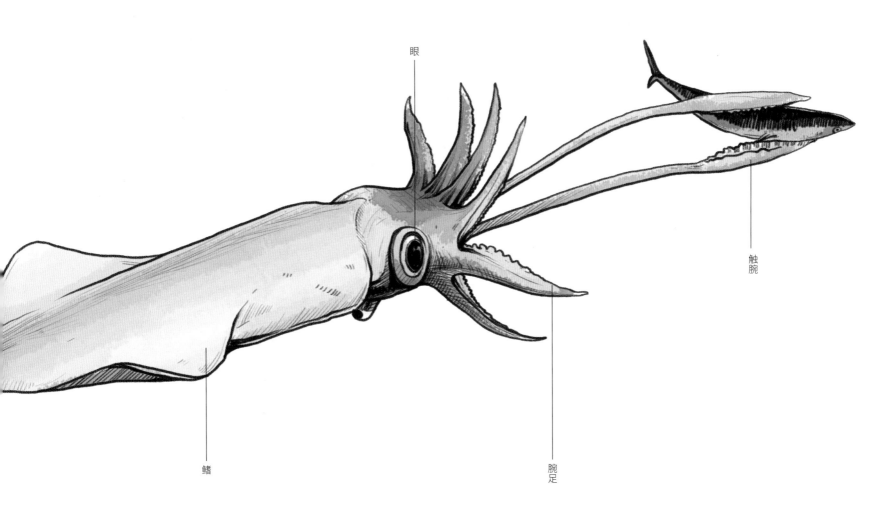

眼

触腕

鳍

腕足

shāo
船蛸

分 类 头足纲

别 称 船章鱼

Argonauta argo

　　船蛸是一种雌雄异形的软体动物，体色通常为灰色或棕色，部分品种带有斑点或花纹，没有明显外壳，但有一个白色内壳，用于保护身体。

腕足

吸盘

触腕

眼

章鱼

分类 头足纲

别称 八爪鱼、坐蛸、石居

Octopodidae

　　章鱼是章鱼科26属252种海洋软体动物的统称。章鱼身体柔软，不具有外骨骼，其体色多变，往往会根据环境的不同而伪装和改变颜色。乌贼和章鱼的主要区别在于外观，其次乌贼体内通常具有硬质的中心灰质骨，被称为墨鱼骨，身体一般呈纺锤形。章鱼的脑袋则呈球状，腕足部具有小吸盘。

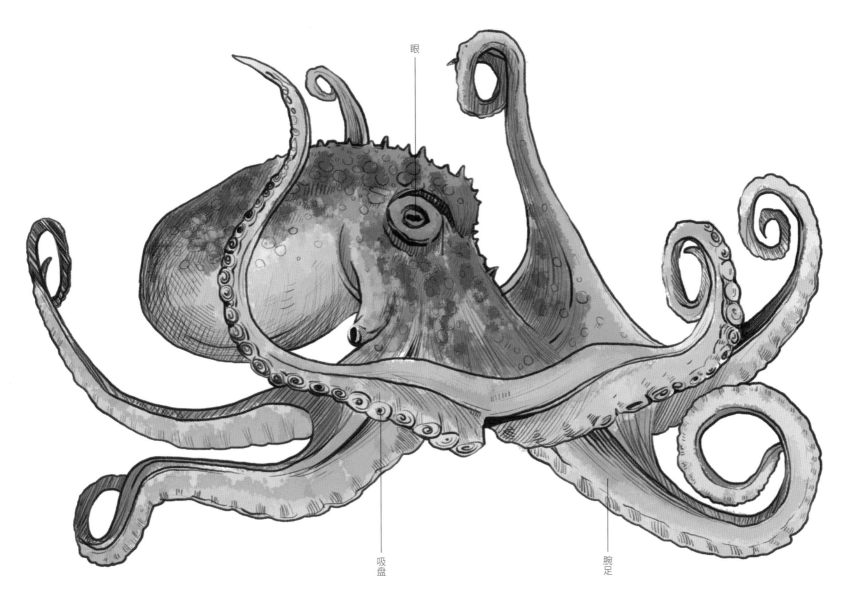

眼

吸盘

腕足

黄金螺（*Pomacea canaliculata*）

海星（*Asteroidea*）

大西洋海神海蛞蝓（*Glaucus atlanticus*）

海蛇尾（*Ophiuroidea*）

海胆（*Echinoidea*）

海螺（*Busycon canaliculatu*）

船蛸（*Argonauta argo*）

鹦鹉螺（*Nautiloidea*）

枪乌贼（*Loligo chinensis*）

章鱼（*Octopodidae*）

斑乌贼（*Onykia carribbaea*）

鹦鹉鱼（*Amphilophus labiatus×Paraneetroplus synspilus*）

绿鳍马面鲀（*Thamnaconus modestus*）

金枪鱼（*Thunnus*）

银鱼（*Hemisalanx prognathus Regan*）

鲳鱼（*Pampus*）

鳗鱼（*Anguillidae*）

大马哈鱼（*Oncorhynchus keta*）

带鱼（*Trichiurus lepturus*）

比目鱼（*Pleuronectiformes*）

多齿蛇鲻（*Saurida tumbil*）

中华鲟（*Acipenser sinensis*）

身体呈流线型

触须

保留鱼的头部形状

龙鱼（*Scleropages formosus*）

三角形的鱼头

主要特点：①三角形的头部 ②接近矩形的形状

X

保留特征

主要特点：①敞尾 ②颜色鲜艳

保留像芦苇一样的鱼尾纹理

絮状的鱼尾更接近水墨质感

斗鱼（*Belontiidae gouramies*）